河北省外来入侵植物及其防控

张风娟 徐海云 主编

科学出版社
北京

内 容 简 介

本书系统介绍了河北省外来入侵植物种类、分布及其防控措施，共分三部分：第一部分从种类、分布和传入途径等方面介绍了河北省外来入侵植物现状；第二部分收录了107种河北省常见外来入侵植物，介绍了入侵植物的学名、英文名、分类地位、形态特征、原产地、分布和危害；第三部分重点介绍了22种河北省重要外来入侵植物的预防与控制技术。

本书图文并茂、内容丰富、资料翔实，可作为生物入侵、植物学、生物多样性保护工作者和大专院校相关专业师生的重要工具书和参考书。

图书在版编目（CIP）数据

河北省外来入侵植物及其防控／张风娟，徐海云主编.—北京：科学出版社，2023.6

ISBN 978-7-03-075854-5

Ⅰ.①河… Ⅱ.①张…②徐… Ⅲ.①作物–外来入侵植物–防治–河北 Ⅳ.①S45

中国国家版本馆CIP数据核字（2023）第108982号

责任编辑：李秀伟　白　雪／责任校对：郑金红
责任印制：吴兆东／设计制作：金舵手世纪

科学出版社 出版
北京东黄城根北街16号
邮政编码：100717
http://www.sciencep.com

北京建宏印刷有限公司印刷
科学出版社发行　各地新华书店经销

*

2023年6月第 一 版　开本：720×1000　1/16
2024年11月第二次印刷　印张：10 3/4
字数：217 000

定价：149.00元

（如有印装质量问题，我社负责调换）

编者名单

主　编　张风娟　徐海云
副主编　樊英鑫　芦站根
编　者（以姓氏汉语拼音为序）

陈　雪　樊英鑫　冯雪莹

顾　江　芦站根　蒙彦良

徐海云　张风娟

前　言

随着全球经济一体化的发展，特别是国际贸易往来和跨国旅游人数的与日俱增，外来有害生物入侵的问题越加突出。生物入侵已成为当今人类面临的一个重要问题，因为外来有害生物不仅严重破坏生态环境、威胁生物多样性，还会导致巨大的经济损失并威胁人类和家畜的健康。外来有害生物的预防与控制已成为各国政府、学术界和公众广泛关注的热点问题。

河北省作为京畿重地，地貌复杂多样，动植物种类分布不均，生态系统受干扰程度不一。近些年来，外来有害生物入侵的风险不断增加。加强河北省外来有害生物的管理，对于生物安全和经济可持续增长的保障及生物多样性的保护具有重要意义。开展外来入侵生物的调查和编目，明确外来入侵生物的种类、分布、生境、种群数量和危害等，是有效预防和控制外来入侵生物的基础工作之一。基于此，编者对河北省内的外来入侵植物进行了三年的调查并查阅了大量的文献，在本书中详细地介绍了河北省外来入侵植物的分类地位、形态特征、原产地、分布、危害、入侵途径和生物学特性等，并针对重要的外来入侵物种提出了监测与检测、预防与控制管理措施。

书中引用的文献和图片，均指明了出处，在此对所引用文献和图片的作者表示衷心的感谢。由于编者的学识和理解水平有限，书中难免存在疏漏之处，敬请读者和同行批评指正。

编　者

2022年8月3日

目　录

前言 ··· i

第一章　河北省外来入侵植物现状 ··· 1

1　河北省外来入侵植物种类 ············ 2
2　河北省外来入侵植物来源地分析 ···· 3
3　河北省外来入侵植物的传入途径 ···· 3
4　河北省外来植物入侵态势及
　　其加剧原因分析 ····················· 4

第二章　河北省常见外来入侵植物图谱 ··· 27

1	大麻 ································ 28	16	长芒苋 ···························· 43
2	垂序商陆 ··························· 29	17	合被苋 ···························· 44
3	紫茉莉 ······························ 30	18	反枝苋 ···························· 45
4	大花马齿苋 ························ 31	19	刺苋 ······························· 46
5	肥皂草 ······························ 32	20	苋 ··································· 47
6	麦蓝菜 ······························ 33	21	皱果苋 ···························· 48
7	麦仙翁 ······························ 34	22	鸡冠花 ···························· 49
8	杂配藜 ······························ 35	23	千日红 ···························· 50
9	土荆芥 ······························ 36	24	野罂粟 ···························· 51
10	刺沙蓬 ···························· 37	25	虞美人 ···························· 52
11	喜旱莲子草 ······················ 38	26	醉蝶花 ···························· 53
12	北美苋 ···························· 39	27	芝麻菜 ···························· 54
13	凹头苋 ···························· 40	28	绿独行菜 ························ 55
14	老鸦谷（繁穗苋）··············· 41	29	密花独行菜 ······················ 56
15	千穗谷 ···························· 42	30	北美独行菜 ······················ 57

31	豆瓣菜	58		61	粉花月见草	88
32	紫穗槐	59		62	橙红茑萝	89
33	紫苜蓿	60		63	牵牛	90
34	白花草木樨	61		64	圆叶牵牛	91
35	草木樨	62		65	聚合草	92
36	荷包豆	63		66	罗勒	93
37	刺槐	64		67	朱唇	94
38	望江南	65		68	一串红	95
39	田菁	66		69	彩苞鼠尾草	96
40	红车轴草	67		70	碧冬茄	97
41	白车轴草	68		71	曼陀罗	98
42	红花酢浆草	69		72	假酸浆	99
43	亚麻	70		73	苦蘵	100
44	猩猩草	71		74	黄花刺茄	101
45	齿裂大戟	72		75	毛地黄	102
46	大地锦草	73		76	阿拉伯婆婆纳	103
47	斑地锦	74		77	蓍	104
48	银边翠	75		78	藿香蓟	105
49	蓖麻	76		79	豚草	106
50	火炬树	77		80	三裂叶豚草	107
51	凤仙花	78		81	金盏菊	108
52	苏丹凤仙花	79		82	钻叶紫菀	109
53	五叶地锦	80		83	婆婆针	110
54	苘麻	81		84	大狼杷草	111
55	野西瓜苗	82		85	剑叶金鸡菊	112
56	刺果瓜	83		86	秋英	113
57	倒挂金钟	84		87	黄秋英	114
58	山桃草	85		88	一年蓬	115
59	小花山桃草	86		89	香丝草	116
60	月见草	87		90	小蓬草	117

91	黄顶菊 …… 118	100	续断菊 …… 127
92	天人菊 …… 119	101	百日菊 …… 128
93	牛膝菊 …… 120	102	梁子菜 …… 129
94	粗毛牛膝菊 …… 121	103	凤眼莲 …… 130
95	蒿子杆 …… 122	104	野燕麦 …… 131
96	菊芋 …… 123	105	扁穗雀麦 …… 132
97	野莴苣 …… 124	106	野牛草 …… 133
98	滨菊 …… 125	107	芒颖大麦草 …… 134
99	欧洲千里光 …… 126		

第三章　河北省重要外来入侵植物的预防与控制技术 …… 135

1	石茅（假高粱） …… 136	12	刺苋 …… 145
2	毒麦 …… 137	13	大狼杷草 …… 146
3	少花蒺藜草 …… 138	14	反枝苋 …… 146
4	野燕麦 …… 139	15	藿香蓟 …… 147
5	凤眼莲 …… 139	16	喜旱莲子草 …… 148
6	黄顶菊 …… 140	17	三裂叶豚草 …… 149
7	刺苍耳 …… 142	18	土荆芥 …… 150
8	三叶鬼针草 …… 142	19	豚草 …… 151
9	一年蓬 …… 143	20	圆叶牵牛 …… 152
10	小蓬草 …… 144	21	长芒苋 …… 153
11	垂序商陆 …… 144	22	钻叶紫菀 …… 153

参考文献 …… 155

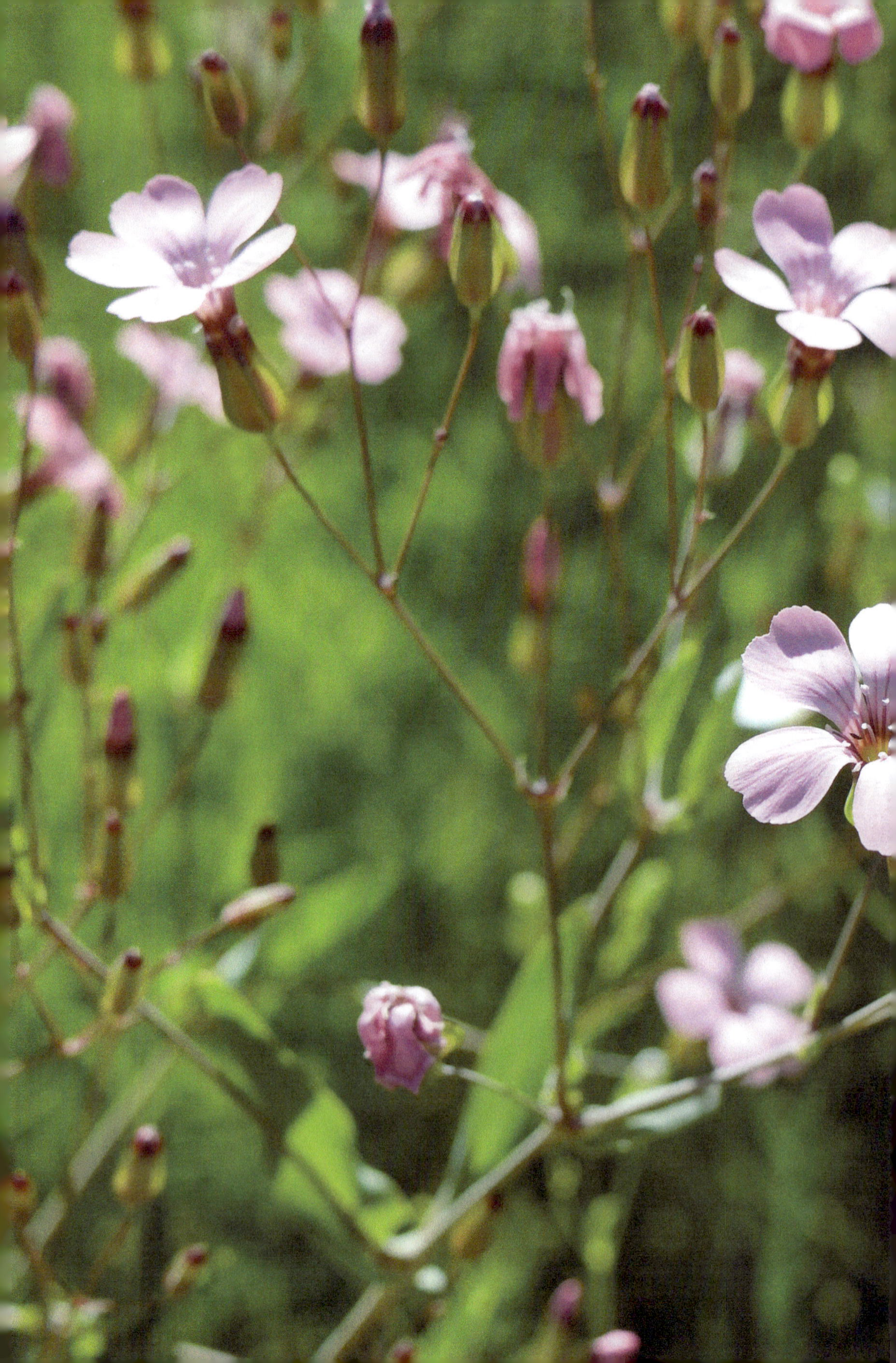

第一章

河北省外来入侵植物现状

1 河北省外来入侵植物种类

河北省共有入侵植物222种，隶属45科144属（表1-1），其中包括2个变种、1个亚种，其中双子叶植物39科123属194种，分别占河北省入侵种子植物科、属、种总数的86.67%、85.42%、87.39%；单子叶植物6科21属28种，分别占河北省入侵种子植物科、属、种总数的13.33%、14.58%、12.61%。

表1-1　河北省外来入侵植物种类组成

类别	科 数量	科 占比（%）	属 数量	属 占比（%）	种 数量	种 占比（%）
双子叶植物	39	86.67	123	85.42	194	87.39
单子叶植物	6	13.33	21	14.58	28	12.61
合计	45	100	144	100	222	100

从科的大小顺序上看，菊科植物种类最多，共48种，其次为禾本科、豆科、苋科、茄科和大戟科，分别为22种、21种、16种、11种和11种（表1-2）。在菊科（33个属）、禾本科（15个属）和豆科（12个属）三大科中，共有60属91种，分别占总外来入侵植物属种的41.67%和40.99%，科数占总科数的6.67%。只有1-2种植物的29个科占总科数的64.44%，而植物种数占总种数的16.67%。

表1-2　河北省外来入侵植物科排序

种数范围	科（种数）		
>20种（3个科）	菊科（48）	禾本科（22）	豆科（21）
11-20种（3个科）	苋科（16）	茄科（11）	大戟科（11）
5-10种（6个科）	柳叶菜科（9） 锦葵科（5）	旋花科（9） 唇形科（5）	十字花科（8） 车前科（5）
3-4种（4个科）	石竹科（4） 马鞭草科（3）	伞形科（4）	藜科（4）
1-2种（29个科）	罂粟科（2） 紫草科（2） 葫芦科（2） 商陆科（1） 槭树科（1）	酢浆草科（2） 夹竹桃科（2） 百合科（2） 大麻科（1） 漆树科（1）	凤仙花科（2） 千屈菜科（2） 玄参科（1） 西番莲科（1） 葡萄科（1）

续表

种数范围	科（种数）		
1–2种（29个科）	美人蕉科（1）	牻牛儿苗科（1）	马齿苋科（1）
	白花菜科（1）	旱金莲科（1）	景天科（1）
	椴树科（1）	仙人掌科（1）	竹芋科（1）
	雨久花科（1）	紫葳科（1）	紫茉莉科（1）
	亚麻科（1）	石蒜科（1）	

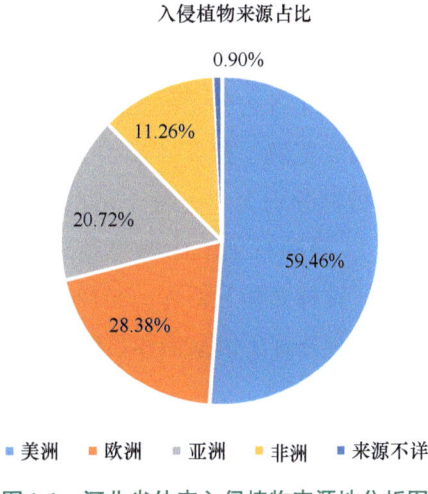

2　河北省外来入侵植物来源地分析

在外来入侵植物中，来自美洲的共132种，占河北省外来入侵植物总数的59.46%；来自欧洲的共63种，占河北省外来入侵植物总数的28.38%；来自亚洲的共46种，占河北省外来入侵植物总数的20.72%；来自非洲的共25种，占河北省外来入侵植物总数的11.26%；来源不详的共2种，占河北省外来入侵植物总数的0.90%（图1-1）（注：有部分种为几大洲所共有）。

图1-1　河北省外来入侵植物来源地分析图

从以上分析可以看出，来自美洲的外来入侵植物占比最大，超过一半。这说明美洲起源的植物较适应河北省的生境，更易在河北省内定殖、扩散（黄冠胜，2014）。

3　河北省外来入侵植物的传入途径

河北省222种外来入侵植物中有158种是人为有意引进的，占总种类数的71.17%。有意引进物种的目的多样，其中作为观赏植物引进的共46个属，以紫茉莉属、千日红属、凤仙花属、倒挂金钟属、月见草属、金盏菊属、金鸡菊属等最为典型，其代表植物分别为紫茉莉、千日红、凤仙花、倒挂金钟、月见草、金盏菊和剑叶金鸡菊（马金双和李惠茹，2018；陈菊艳等，2016）；作为药用植物引进的共12个属，以大麻属、大戟属、蓖麻属、野甘草属、薄荷属等最为典型，其代表植物分别为大麻、通奶草（Chen and Wu，2004）、蓖麻（刘在松，2015）、野甘草（徐海根等，2004a）和留兰香；作为牧草引进的共18个属，以苜蓿属、草木樨属、车轴草属、黑麦草属等最为典型，其代表植物分别为南苜蓿（徐海根和强胜，2018）、白花草木樨（丁晖等，2011）、红车轴草（苏亚拉图等，2007）和黑麦草（王合松等，2008）；作为药用植物和观赏植物引进的共6个属，分别为马齿苋属、山扁豆属、曼陀罗属和假酸浆属，其代表植物为大花马齿苋、山扁豆、洋金花（田家怡和吕传笑，2004）、曼陀罗（段磊等，2012）和假酸浆（曾宪峰和邱贺媛，2012）；作为蔬菜和果类引进的共3个属，分别为苋属、茼蒿属和黄瓜属，其代表植物为苋（徐海根等，2004b；万方浩等，2012）、茼蒿（徐海根和强胜，2018）和甜瓜。

在河北省的外来入侵植物中有64种是无意引进的，占总种类数的28.83%，以藜属、苋属、独行菜属、大戟属、婆婆纳属、豚草属和苍耳属最为典型，其代表植物分别为杂配藜（马世军和王建军，2011）、凹头苋（田家怡和吕传笑，2004）、绿独行菜（徐海根等，2004b）、大地锦草（徐海根和强胜，2018）、婆婆纳（钟林光和王朝晖，2010）、豚草（杨秀山和董淑萍，2008；邓旭等，2010）和意大利苍耳（田家怡和吕传笑，2004）。无意引进的途径包括运输、旅行等（黄冠胜，2014）。

4 河北省外来植物入侵态势及其加剧原因分析

据相关数据统计，2008年河北省外来入侵植物共有63种，隶属20科46属（龙茹等，2008a，2008b）。目前，河北省内共有入侵植物222种，隶属45科144属，新增25科98属159种（表1-3），因此近年来河北省外来入侵植物种数呈现逐年增长的趋势。究其原因有：一方面，河北省作为中国唯一兼有山地、丘陵、平原、高原、湖泊和海滨的省份，自然地理独特，是中国植被资源比较丰富的省份之一，多样的生态环境为外来植物成功入侵提供了更多的生态位。另一方面，调查分析表明，河北省外来入侵植物中超过85%的种类的入侵与人类活动有关，其中进口贸易总额、入境旅游总人数和境内公路公里数与外来入侵物种数之间都表现出显著的正相关关系，即随着运输、快件服务、旅游业、贸易的快速发展，一些外来入侵物种经人为的有意或无意方式进行传播，极大地增加了其入侵的概率（黄冠胜，2014）；此外，随着人们生活水平的提高，部分外来入侵植物作为观赏花卉或药用植物被引进，这也是导致外来入侵植物数量增加的主要原因之一（李惠茹等，2022）。

表 1-3 河北省入侵植物名录

中文名	学名（拉丁名）	科名	属名	原产地	生活型	入侵过程	生境
大麻	Cannabis sativa	大麻科 Cannabaceae	大麻属	不丹、印度、中亚	一年生草本	作为药用植物引种	农田杂草
垂序商陆	Phytolacca americana	商陆科 Phytolaccaceae	商陆属	北美洲	多年生草本	作为观赏、药用植物引种	逸生到林下、路边等多种生境
紫茉莉	Mirabilis jalapa	紫茉莉科 Nyctaginaceae	紫茉莉属	热带美洲	多年生草本	作为观赏花卉引种	各地常栽培，为观赏花卉，有时逸为野生
大花马齿苋	Portulaca grandiflora	马齿苋科 Portulacaceae	马齿苋属	巴西	一年生草本	作为观赏花卉、药用植物引种	公园、花圃常栽培，有时逸为野生
蝇子草	Silene gallica	石竹科 Caryophyllaceae	蝇子草属	欧洲、西亚、北非	多年生草本	作为观赏植物引种	公园、花圃常栽培，逸生于山坡后及林下及杂草丛
肥皂草	Saponaria officinalis	石竹科 Caryophyllaceae	肥皂草属	地中海地区	多年生草本	作为观赏植物引种	公园、花圃常栽培，常逸为野生
麦蓝菜	Vaccaria hispanica	石竹科 Caryophyllaceae	麦蓝菜属	欧洲、亚洲	一年生或二年生草本	无意引进	生于草坡、撂荒地或麦田中，为麦田常见杂草
麦仙翁	Agrostemma githago	石竹科 Caryophyllaceae	麦仙翁属	欧洲、亚洲、北非、北美洲	一年生草本	作为观赏植物引种	麦田中或路旁草地、田间杂草
杖藜	Chenopodium giganteum	藜科 Chenopodiaceae	藜属	世界各国普遍栽培，来源不明	一年生草本	有意引进	各地常栽培，逸为野生后为田间杂草
杂配藜	Chenopodium hybridum	藜科 Chenopodiaceae	藜属	欧洲、西亚	一年生草本	无意引进	生于林缘、山坡灌丛中、沟沿等处
土荆芥	Dysphania ambrosioides	藜科 Chenopodiaceae	腺毛藜属	热带美洲	一年生或多年生草本	无意引进	喜生于村旁、路边、河岸等处
刺沙蓬	Salsola tragus	藜科 Chenopodiaceae	猪毛菜属	中亚、西亚、南欧	一年生草本	无意引进	生于砂丘、砂地及山谷

续表

中文名	学名（拉丁名）	科名	属名	原产地	生活型	入侵过程	生境
锦绣苋	Alternanthera bettzickiana	苋科 Amaranthaceae	莲子草属	巴西	陆生多年生草本	有意引进	各地常栽培
喜旱莲子草	Alternanthera philoxeroides	苋科 Amaranthaceae	莲子草属	巴西	多年生草本	作为牧草引种	生于农田、空地、鱼塘、沟渠、河道等地
白苋	Amaranthus albus	苋科 Amaranthaceae	苋属	北美洲	一年生草本	无意引进	生于人家附近、路旁及杂草地上
北美苋	Amaranthus blitoides	苋科 Amaranthaceae	苋属	北美洲	一年生草本	无意引进	生于田野、路旁及杂草地上
凹头苋	Amaranthus blitum	苋科 Amaranthaceae	苋属	热带美洲	一年生草本	无意引进	生于田野、村庄附近杂草地上
尾穗苋	Amaranthus caudatus	苋科 Amaranthaceae	苋属	热带美洲	一年生草本	作为牧草引种	各地均有栽培，常逸生为杂草
老鸦谷	Amaranthus cruentus	苋科 Amaranthaceae	苋属	中美洲	一年生草本	作为观赏植物、牧草引种	各地均有栽培或野生
千穗谷	Amaranthus hypochondriacus	苋科 Amaranthaceae	苋属	北美洲	一年生草本	有意引进	各地均有栽培
长芒苋	Amaranthus palmeri	苋科 Amaranthaceae	苋属	美国西部至墨西哥北部	一年生草本	无意引进	荒地、路边、衣田杂草
合被苋	Amaranthus polygonoides	苋科 Amaranthaceae	苋属	美国西南部、墨西哥	一年生草本	无意引进	旱地、草坪杂草
反枝苋	Amaranthus retroflexus	苋科 Amaranthaceae	苋属	热带美洲	一年生草本	无意引进	入侵果蔬、棉花、豆类、花生等地
刺苋	Amaranthus spinosus	苋科 Amaranthaceae	苋属	热带美洲	一年生草本	无意引进	为蔬菜地主要杂草，也发生于秋熟旱作物田
苋	Amaranthus tricolor	苋科 Amaranthaceae	苋属	印度	一年生草本	作为蔬菜引进	各地均有栽培，有时逸生为杂草
皱果苋	Amaranthus viridis	苋科 Amaranthaceae	苋属	南美洲	一年生草本	无意引进	宅旁杂草，也危害蔬菜和秋熟旱作物

续表

中文名	学名（拉丁名）	科名	属名	原产地	生活型	入侵过程	生境
鸡冠花	*Celosia cristata*	苋科 Amaranthaceae	青葙属	热带美洲	一年生草本	作为观赏植物引种	各地均有栽培
千日红	*Gomphrena globosa*	苋科 Amaranthaceae	千日红属	热带美洲	一年生草本	作为观赏植物引种	各地均有栽培
野罂粟	*Papaver nudicaule*	罂粟科 Papaveraceae	罂粟属	中亚、北亚、北美洲	多年生草本	有意引进	入侵山坡草地或砾石坡、田边、路旁
虞美人	*Papaver rhoeas*	罂粟科 Papaveraceae	罂粟属	欧洲	一年生草本	作为观赏植物引种	各地常见栽培
醉蝶花	*Tarenaya hassleriana*	白花菜科 Cleomaceae	醉蝶花属	南美洲	一年生草本	有意引进	暂无野生，均见于栽培，观赏植物
芥菜	*Brassica juncea*	十字花科 Brassicaceae	芸苔属	亚洲	一年生草本	有意引进	各地广泛栽培
芝麻菜	*Eruca vesicaria* subsp. *sativa*	十字花科 Brassicaceae	芝麻菜属	欧洲、西亚、北非	一年生草本	有意引进	生于海拔1050–2000m的山坡，栽培或常逸为野生，路旁或荒野均可生长
弯曲碎米荠	*Cardamine flexuosa*	十字花科 Brassicaceae	碎米荠属	欧洲	一年生或二年生草本	无意引进	生于田边、路旁、草地
绿独行菜	*Lepidium campestre*	十字花科 Brassicaceae	独行菜属	西亚、俄罗斯、欧洲	一年生或二年生草本	无意引进	路边、草坪杂草
密花独行菜	*Lepidium densiflorum*	十字花科 Brassicaceae	独行菜属	北美洲	一年生或二年生草本	无意引进	生于海滨、沙地、路边
北美独行菜	*Lepidium virginicum*	十字花科 Brassicaceae	独行菜属	北美洲	一年生或二年生草本	无意引进	生于田边或荒地，为田间杂草
豆瓣菜	*Nasturtium officinale*	十字花科 Brassicaceae	豆瓣菜属	西亚、欧洲	多年生草本	有意引进	入侵水沟边、山涧河边、沼泽地或水田中，海拔850–3700m处均可生长，全草可入药

续表

中文名	学名（拉丁名）	科名	属名	原产地	生活型	入侵过程	入侵途径	生境
白芥	Sinapis alba	十字花科 Brassicaceae	白芥属	欧洲	一年生草本	无意引进	多为栽培	
紫穗槐	Amorpha fruticosa	豆科 Fabaceae	紫穗槐属	美国东北部及东南部	多年生灌木	有意引进	多栽培于贫瘠、干旱的路边和荒地	
含羞草山扁豆	Chamaecrista mimosoides	豆科 Fabaceae	山扁豆属	热带美洲	一年生或多年生亚灌木状草本	作为观赏、药用植物引种	入侵农田、路边、草场	
山扁豆	Chamaecrista nictitans	豆科 Fabaceae	山扁豆属	热带美洲	一年生或多年生亚灌木状草本	作为观赏、药用植物引种	入侵农田、路边、草场	
龙牙花	Erythrina corallodendron	豆科 Fabaceae	刺桐属	南美洲	小乔木或灌木	作为观赏植物引种	公园和庭院栽植	
扁豆	Lablab purpureus	豆科 Fabaceae	扁豆属	非洲	多年生缠绕藤本	有意引进	入侵路边、房前屋后、沟边	
南苜蓿	Medicago polymorpha	豆科 Fabaceae	苜蓿属	北非、西亚、南欧	一年生或二年生草本	作为牧草引种	常栽培或入侵路边、农田、草场	
紫苜蓿	Medicago sativa	豆科 Fabaceae	苜蓿属	西亚	多年生草本	作为牧草引种	入侵路边、农田、草场	
白花草木樨	Melilotus albus	豆科 Fabaceae	草木樨属	西亚至南欧	一年生或二年生草本	作为牧草引种	入侵路边、农田、草场	
印度草木樨	Melilotus indicus	豆科 Fabaceae	草木樨属	南亚、中亚至南欧	一年生草本	作为牧草引种	入侵荒地、农田、果园	
草木樨	Melilotus officinalis	豆科 Fabaceae	草木樨属	西亚至南欧	二年生草本	有意引进	入侵山坡、河岸、路旁、砂质草地、林缘	
荷包豆	Phaseolus coccineus	豆科 Fabaceae	菜豆属	中美洲	多年生缠绕草本	有意引进	多为栽培	

续表

中文名	学名（拉丁名）	科名	属名	原产地	生活型	入侵过程	生境
棉豆	Phaseolus lunatus	豆科 Fabaceae	菜豆属	热带美洲	一年生或多年生缠绕草本	有意引进	在中国多地引种栽培
刺槐	Robinia pseudoacacia	豆科 Fabaceae	刺槐属	美国东部	落叶乔木	作为观赏植物引种	多地有栽培
钝叶决明	Senna tora var. obtusifolia	豆科 Fabaceae	决明属	美洲	一年生半灌木状草本	有意引进	多地有栽培
望江南	Senna occidentalis	豆科 Fabaceae	决明属	热带美洲	灌木或亚灌木	作为观赏、药用植物引种	河边滩地、旷野或丘陵的灌木林或疏林中，也是村边路旁、园林杂草，种子有毒
田菁	Sesbania cannabina	豆科 Fabaceae	田菁属	南亚和东南亚热带、亚热带地区	一年生草本	作为绿肥植物引种	常生于水田、水沟等潮湿低地
杂种车轴草	Trifolium hybridum	豆科 Fabaceae	车轴草属	西亚、欧洲	多年生草本	作为牧草引种	各地广泛栽培
绛车轴草	Trifolium incarnatum	豆科 Fabaceae	车轴草属	欧洲、地中海沿岸	一年生草本	作为牧草引种	入侵路边、农田、草场
红车轴草	Trifolium pratense	豆科 Fabaceae	车轴草属	北非、中亚、欧洲	多年生草本	作为牧草引种	入侵草坪、农田、草场、人侵性不强，危害较小
白车轴草	Trifolium repens	豆科 Fabaceae	车轴草属	北非、欧洲	多年生草本	作为牧草引种	入侵路边、农田、牧场、果园
长柔毛野豌豆	Vicia villosa	豆科 Fabaceae	野豌豆属	中亚、欧洲、伊朗	一年生草本	作为牧草引种	各地均有栽培
大花酢浆草	Oxalis bowiei	酢浆草科 Oxalidaceae	酢浆草属	非洲南部	多年生草本	作为观赏植物引种	多为栽培
红花酢浆草	Oxalis corymbosa	酢浆草科 Oxalidaceae	酢浆草属	热带南美洲	多年生直立草本	作为药用植物引种	生于低海拔山地、路旁、荒地或水田中

续表

中文名	学名（拉丁名）	科名	属名	原产地	生活型	入侵过程	生境
野老鹳草	*Geranium carolinianum*	牻牛儿苗科 Geraniaceae	老鹳草属	北美洲	一年生草本	有意引进	生于平原和低山荒坡杂草丛中
亚麻	*Linum usitatissimum*	亚麻科 Linaceae	亚麻属	地中海地区	一年生草本	作为油料作物引种	多为栽培，有时逸为野生
猩猩草	*Euphorbia cyathophora*	大戟科 Euphorbiaceae	大戟属	中南美洲	一年生或多年生草本	有意引进	常栽培于公园、植物园及温室
齿裂大戟	*Euphorbia dentata*	大戟科 Euphorbiaceae	大戟属	北美洲	一年生草本	作为药用植物引种	逸生后入侵大豆、玉米、麦类、麻类等经济作物田间
白苞猩猩草	*Euphorbia heterophylla*	大戟科 Euphorbiaceae	大戟属	北美洲	多年生草本	有意引进	多为栽培
飞扬草	*Euphorbia hirta*	大戟科 Euphorbiaceae	大戟属	热带非洲	一年生草本	无意引进	常见于旱田和草坪
通奶草	*Euphorbia hypericifolia*	大戟科 Euphorbiaceae	大戟属	美洲	陆生一年生草本	作为药用植物引种	入侵灌丛、旷野荒地、路旁或田间
斑地锦	*Euphorbia maculata*	大戟科 Euphorbiaceae	大戟属	北美洲	一年生草本	无意引进	入侵玉米、棉花、花生等作物田，也入侵苗圃、草坪，对草坪危害较大
银边翠	*Euphorbia marginata*	大戟科 Euphorbiaceae	大戟属	北美洲	一年生草本	作为观赏植物引种，1935年发现于北京	多为栽培，常见于植物园、公园等处
大地锦草	*Euphorbia mutans*	大戟科 Euphorbiaceae	大戟属	北美洲	一年生草本	无意引进	入侵农田、苗圃
匍匐大戟	*Euphorbia prostrata*	大戟科 Euphorbiaceae	大戟属	热带和亚热带美洲	一年生草本	无意引进	生于路旁、屋旁、荒地灌丛
珠子草	*Phyllanthus niruri*	大戟科 Euphorbiaceae	叶下珠属	印度、马来西亚、菲律宾至热带美洲	一年生草本	无意引进	生于旷野草地、山坡或山谷向阳处

续表

中文名	学名（拉丁名）	科名	属名	原产地	生活型	入侵过程	生境
蓖麻	Ricinus communis	大戟科 Euphorbiaceae	蓖麻属	非洲	一年生草本或草质灌木	作为药用植物引种	多地栽培，常逸为野生
火炬树	Rhus typhina	漆树科 Anacardiaceae	盐肤木属	欧美	落叶小乔木	有意引进	多地栽培，常逸为野生
凤仙花	Impatiens balsamina	凤仙花科 Balsaminaceae	凤仙花属	南亚至东南亚	一年生草本	作为观赏植物引种	多为栽培
苏丹凤仙花	Impatiens walleriana	凤仙花科 Balsaminaceae	凤仙花属	东非	多年生肉质草本	作为观赏植物引种	多为栽培
梣叶槭	Acer negundo	槭树科 Aceraceae	槭属	北美洲	落叶乔木	有意引进	多地栽培
五叶地锦	Parthenocissus quinquefolia	葡萄科 Vitaceae	地锦属	北美洲	木质藤本	作为观赏植物引种	各地均有栽培
长蒴黄麻	Corchorus olitorius	椴树科 Tiliaceae	黄麻属	印度	木质草本	有意引进	各地均有栽培
咖啡黄葵	Abelmoschus esculentus	锦葵科 Malvaceae	秋葵属	印度	一年生草本	有意引进	各地均有栽培
苘麻	Abutilon theophrasti	锦葵科 Malvaceae	苘麻属	印度	一年生亚灌木状直立草本	作为药用植物引种	入侵田旁、荒地、田野
野西瓜苗	Hibiscus trionum	锦葵科 Malvaceae	木槿属	非洲	一年生草本	无意引进	无论平原、山野、丘陵或田里，处处有之，是常见的田间杂草
赛葵	Malvastrum coromandelianum	锦葵科 Malvaceae	赛葵属	美洲	亚灌木状草本	无意引进	入侵路边、果园、林地
黄花稔	Sida acuta	锦葵科 Malvaceae	黄花稔属	印度	直立亚灌木状草本	无意引进	常生于山坡灌丛、路边或坡地
大果西番莲	Passiflora quadrangularis	西番莲科 Passifloraceae	西番莲属	热带美洲	粗状草质藤本	作为观赏植物引种	在公园、植物园有栽培
刺果瓜	Sicyos angulatus	葫芦科 Cucurbitaceae	刺果瓜属	北美洲东部	一年生草本	有意引进	适应性强，喜背阴环境，但在低矮林间、低地、田间等背阴或不背阴的环境中都能生存

续表

中文名	学名（拉丁名）	科名	属名	原产地	生活型	入侵过程	生境
甜瓜	Cucumis melo	葫芦科 Cucurbitaceae	黄瓜属	中亚	一年生葡匐或攀缘草本	作为果类引种	各地广泛栽培
长叶水苋菜	Ammannia coccinea	千屈菜科 Lythraceae	水苋菜属	北美洲	一年生草本	无意引进	稻田杂草
千屈菜	Lythrum salicaria	千屈菜科 Lythraceae	千屈菜属	欧洲、亚洲、北非、北美洲	多年生草本	作为观赏植物引种	生于河岸、湖畔、溪沟边和潮湿草地
月见草	Oenothera biennis	柳叶菜科 Onagraceae	月见草属	北美洲	二年生直立草本	作为观赏植物引种到东北、华北，后续引种到其他地区	环境杂草，有时入侵农田
黄花月见草	Oenothera glazioviana	柳叶菜科 Onagraceae	月见草属	欧洲	二年生或多年生草本	作为观赏植物在云南昆明、大理等地栽培	常见栽培，并逸为野生。常生于开阔荒地、田园、路边
小花月见草	Oenothera parviflora	柳叶菜科 Onagraceae	月见草属	北美洲东部	二年生草本	植物园引栽	有栽培，并逸为野生，生于荒地、沟边湿润处
粉花月见草	Oenothera rosea	柳叶菜科 Onagraceae	月见草属	美国得克萨斯州至墨西哥	多年生草本	植物园引种栽培，后在民间种植	生于海拔1000~2000m的荒地、草地、沟边半阴处，繁殖力强，成为难于清除的有害杂草
待宵草	Oenothera stricta	柳叶菜科 Onagraceae	月见草属	南美洲	一年生或二年生草本	植物园引种	有栽培，并逸为野生、草地、干燥的山坡和路旁
长毛月见草	Oenothera villosa	柳叶菜科 Onagraceae	月见草属	北美洲	二年生草本	作为观赏植物引种	有栽培与野化，常生于开垦田园边、荒地、沟边较湿润处，野化成为杂草
倒挂金钟	Fuchsia hybrida	柳叶菜科 Onagraceae	倒挂金钟属	中南美洲	多年生亚灌木	作为观赏植物引种	广泛栽培

续表

中文名	学名（拉丁名）	科名	属名	原产地	生活型	入侵过程	生境
山桃草	Gaura lindheimeri	柳叶菜科 Onagraceae	山桃草属	北美洲	多年生粗壮草本	有意引进	环境杂草，可能影响生物多样性和生态环境
小花山桃草	Gaura parviflora	柳叶菜科 Onagraceae	山桃草属	美国	一年生草本	作为观赏植物引种，20世纪80年代辽苏徐州发现逸生种	入侵农田和果园等地
细叶旱芹	Cyclospermum leptophyllum	伞形科 Apiaceae	细叶旱芹属	南美洲	一年生草本	无意引进	生于杂草地、水沟边
野胡萝卜	Daucus carota	伞形科 Apiaceae	胡萝卜属	欧洲	二年生草本	无意引进	生于山坡、路旁、旷野或田间
芫荽	Coriandrum sativum	伞形科 Apiaceae	芫荽属	地中海地区	一年生或二年生草本	有意引进	各地均有栽培
茴香	Foeniculum vulgare	伞形科 Apiaceae	茴香属	地中海地区	多年生草本	有意引进	各地均有栽培
马利筋	Asclepias curassavica	夹竹桃科 Apocynaceae	马利筋属	西印度群岛	多年生草本	作为观赏植物引种，1928年于广州白云山采集到植物标本	各地均有栽培，也有逸为野生和驯化
长春花	Catharanthus roseus	夹竹桃科 Apocynaceae	长春花属	东非	半灌木	作为观赏植物引种	多为栽培，供观赏
亚麻菟丝子	Cuscuta epilinum	旋花科 Convolvulaceae	菟丝子属	欧洲	一年生茎寄生草本	无意引进	主要寄生于亚麻、苜蓿、三叶草、大麻等植物上，尤其对亚麻危害大
月光花	Ipomoea alba	旋花科 Convolvulaceae	番薯属	热带美洲	一年生草本	作为药用植物引种	偶见栽培
橙红鸢萝	Ipomoea coccinea	旋花科 Convolvulaceae	番薯属	南美洲	一年生草本	有意引进	庭院常栽培
瘤梗甘薯	Ipomoea lacunosa	旋花科 Convolvulaceae	番薯属	北美洲	一年生缠绕藤本	无意引进	入侵荒地、农田、林缘

续表

中文名	学名（拉丁名）	科名	属名	原产地	生活型	入侵过程	生境
牵牛	Ipomoea nil	旋花科 Convolvulaceae	番薯属	热带美洲	一年生草本	作为观赏植物引种	生于海拔100~200 (~1600)m的山坡灌丛、干燥河谷路边、园边宅旁、山地路边、宅旁或山谷
圆叶牵牛	Ipomoea purpurea	旋花科 Convolvulaceae	番薯属	热带美洲	一年生草本	作为观赏植物引种	生于田边、路边、宅旁或山谷林内
三裂叶薯	Ipomoea triloba	旋花科 Convolvulaceae	番薯属	热带美洲	一年生草本	无意引进	入侵丘陵地带、荒草地或田野
番薯	Ipomoea batatas	旋花科 Convolvulaceae	番薯属	南美洲	一年生草本	有意引进	各地常栽培
茑萝	Ipomoea quamoclit	旋花科 Convolvulaceae	番薯属	热带美洲	一年生草本	作为观赏植物引种	各地常栽培
天芥菜	Heliotropium europaeum	紫草科 Boraginaceae	天芥菜属	欧洲	一年生草本	作为观赏植物引种	生于山坡、路旁、山谷疏林中
聚合草	Symphytum officinale	紫草科 Boraginaceae	聚合草属	中亚、俄罗斯、欧洲	多年生草本	有意引进	广泛栽培，生于山林地带
马缨丹	Lantana camara	马鞭草科 Verbenaceae	马缨丹属	热带美洲	灌木	作为观赏植物引种，后在华南地区栽培	常生于海拔80-1500m的海边沙滩和空旷地区
假马鞭	Stachytarpheta jamaicensis	马鞭草科 Verbenaceae	假马鞭属	中南美洲	多年生草本或亚灌木	无意引进，在华南地区扩散生长	常入侵沟谷阴湿处草丛中
长苞马鞭草	Verbena bracteata	马鞭草科 Verbenaceae	马鞭草属	北美洲	陆生草本	无意引进	逸为野生，偶见于荒地
留兰香	Mentha spicata	唇形科 Lamiaceae	薄荷属	中亚、西亚、北非、欧洲	多年生草本	作为药用植物引种	多地有栽培或逸为野生
罗勒	Ocimum basilicum	唇形科 Lamiaceae	罗勒属	非洲、美洲、热带亚洲	一年生或多年生草本	有意引进	多为栽培或逸为野生

续表

中文名	学名（拉丁名）	科名	属名	原产地	生活型	入侵过程	生境
朱唇	Salvia coccinea	唇形科 Lamiaceae	鼠尾草属	美洲	一年生或多年生草本	有意引进	各地均有栽培
一串红	Salvia splendens	唇形科 Lamiaceae	鼠尾草属	南美洲	亚灌木状草本	有意引进	各地广泛栽培
彩苞鼠尾草	Salvia viridis	唇形科 Lamiaceae	鼠尾草属	地中海地区	一年生草本	有意引进	多地栽培
辣椒	Capsicum annuum	茄科 Solanaceae	辣椒属	热带美洲	一年生草本或灌木状	有意引进	各地广泛栽培
碧冬茄	Petunia hybrida	茄科 Solanaceae	碧冬茄属	来源不详（杂交起源）	草本或亚灌木状草本	有意引进	各地广泛栽培
毛曼陀罗	Datura innoxia	茄科 Solanaceae	曼陀罗属	美国西南部至墨西哥	一年生草本	作为观赏植物引种	常生于村边、路旁
洋金花	Datura metel	茄科 Solanaceae	曼陀罗属	热带美洲	一年生草本	作为药用或观赏植物引种	常生于向阳的山坡草地或宅旁
曼陀罗	Datura stramonium	茄科 Solanaceae	曼陀罗属	墨西哥	草本或亚灌木状草本	作为观赏、药用植物引种，首先在沿海地区种植	常生于宅旁、路边或草地上
假酸浆	Nicandra physalodes	茄科 Solanaceae	假酸浆属	南美洲	一年生草本	作为观赏、药用植物引种	常生于田边、荒地或住宅区
苦蘵	Physalis angulata	茄科 Solanaceae	酸浆属	南美洲	一年生草本	无意引进	常生于海拔500–1500m的山谷林下及村边路旁
小酸浆	Physalis minima	茄科 Solanaceae	酸浆属	可能为热带美洲	陆生一年生草本	无意引进	常生于海拔1000–1300m的荒山、草地及水库边
珊瑚樱	Solanum pseudocapsicum	茄科 Solanaceae	茄属	南美洲	多年生分枝小灌木	有意引进	省内有栽培

第一章 河北省外来入侵植物现状 17

续表

中文名	学名（拉丁名）	科名	属名	原产地	生活型	入侵过程	生境
黄花刺茄	Solanum rostratum	茄科 Solanaceae	茄属	北美洲	一年生草本	无意引进，1982年报道于辽宁朝阳，后相继发现于吉林白城、河北张家口、北京密云等地	常生于田野、河岸、路边等地
蒜芥茄	Solanum sisymbriifolium	茄科 Solanaceae	茄属	南美洲	一年生草本	有意引进	偶见栽培
毛地黄	Digitalis purpurea	车前科 Plantaginaceae	毛地黄属	欧洲	一年生或多年生草本	作为观赏植物引种	省内有栽培
野甘草	Scoparia dulcis	车前科 Plantaginaceae	野甘草属	热带美洲	直立草本或半灌木状	作为药用植物引种	喜生于荒地、路旁，亦偶见于山坡
阿拉伯婆婆纳	Veronica persica	车前科 Plantaginaceae	婆婆纳属	西亚、欧洲	铺散多分枝草本	无意引进	入侵路旁、宅旁、农田
婆婆纳	Veronica polita	车前科 Plantaginaceae	婆婆纳属	西亚	铺散多分枝草本	无意引进	荒地或田间杂草
芒苞车前	Plantago aristata	车前科 Plantaginaceae	车前属	北美洲	一年生或二年生草本	无意引进	生于平原地、山谷路旁、田同
毛蕊花	Verbascum thapsus	玄参科 Scrophulariaceae	毛蕊花属	广泛分布于北半球	二年生草本	作为药用植物引种	可能是栽培后逸为野生的。生于山坡草地、河岸草地
火焰树	Spathodea campanulata	紫葳科 Bignoniaceae	火焰树属	非洲	落叶乔木	有意引进	各地均有栽培，常见于路边、村边，是风景绿化树种
蓍	Achillea millefolium	菊科 Asteraceae	蓍属	北半球温带地区	多年生草本	有意引进	生于湿草地、荒地，铁路沿线

续表

中文名	学名（拉丁名）	科名	属名	原产地	生活型	入侵过程	生境
藿香蓟	Ageratum conyzoides	菊科 Asteraceae	藿香蓟属	中南美洲	一年生草本	作为观赏植物引种	偶见栽培
熊耳草	Ageratum houstonianum	菊科 Asteraceae	藿香蓟属	墨西哥及邻近地区	一年生草本	有意引进	偶见栽培
豚草	Ambrosia artemisiifolia	菊科 Asteraceae	豚草属	北美洲	一年生草本	无意引进	生于荒地、水边、路边
三裂叶豚草	Ambrosia trifida	菊科 Asteraceae	豚草属	北美洲	一年生粗壮草本	无意引进	偶见于路旁
雏菊	Bellis perennis	菊科 Asteraceae	雏菊属	欧洲	多年生草本	作为观赏植物引种	庭院、路边有栽培
金盏菊	Calendula officinalis	菊科 Asteraceae	金盏菊属	欧洲	一年生草本	作为观赏植物引种	偶见栽培
大丽花	Dahlia pinnata	菊科 Asteraceae	大丽花属	墨西哥	多年生草本	作为观赏植物引种	庭院、公园常栽培
钻叶紫菀	Symphyotrichum subulatum	菊科 Asteraceae	联毛紫菀属	北美洲	一年生草本	无意引进	生于山坡灌丛中、草坡、沟边、路旁或荒地
婆婆针	Bidens bipinnata	菊科 Asteraceae	鬼针草属	美洲	一年生草本	作为药用植物引种	入侵路边荒地、山坡、田间
大狼杷草	Bidens frondosa	菊科 Asteraceae	鬼针草属	北美洲	一年生草本	无意引进	生于荒地、路边、水边
三叶鬼针草	Bidens pilosa	菊科 Asteraceae	鬼针草属	美洲	一年生草本	无意引进	生于村旁、路边、荒地中
矢车菊	Centaurea cyanus	菊科 Asteraceae	矢车菊属	欧洲	一年生或二年生草本	作为观赏植物引种	普通栽培
菊苣	Cichorium intybus	菊科 Asteraceae	菊苣属	欧洲、中亚、西亚、北非	多年生草本	作为牧草引种	生于滨海荒地、河边、水沟边或山坡
剑叶金鸡菊	Coreopsis lanceolata	菊科 Asteraceae	金鸡菊属	北美洲	多年生草本	作为观赏植物引种	各地庭院常栽培

第一章　河北省外来入侵植物现状

续表

中文名	学名（拉丁名）	科名	属名	原产地	生活型	入侵过程	生境
两色金鸡菊	Coreopsis tinctoria	菊科 Asteraceae	金鸡菊属	美国	一年生草本	有意引进	各地常见栽培
秋英	Cosmos bipinnatus	菊科 Asteraceae	秋英属	墨西哥	一年生或多年生草本	作为观赏花卉引种，后引种到东北、云南等地栽培	多为栽培，在路旁、田埂、溪岸地常自生
黄秋英	Cosmos sulphureus	菊科 Asteraceae	秋英属	墨西哥，巴西	一年生草本	作为观赏植物引种，在西南方栽培并逸生，1959年在云南西双版纳野外采到标本	各地广泛栽培
一年蓬	Erigeron annuus	菊科 Asteraceae	飞蓬属	北美洲	一年生或二年生草本	无意引进	生于路边旷野或山坡荒地
香丝草	Erigeron bonariensis	菊科 Asteraceae	飞蓬属	南美洲	一年生或二年生草本	无意引进	生于旷野、荒地、田边、路旁
小蓬草	Erigeron canadensis	菊科 Asteraceae	飞蓬属	北美洲	一年生草本	无意引进，1886年分别在浙江宁波和湖北宜昌采到标本，1887年到达四川南溪	生于旷野、荒地、田边、路旁
糙伏毛飞蓬	Erigeron strigosus	菊科 Asteraceae	飞蓬属	北美洲	陆生一年生或二年生草本	无意引进	各地旷野、荒地、路旁
黄顶菊	Flaveria bidentis	菊科 Asteraceae	黄顶菊属	南美洲	一年生草本	无意引进	生于河、溪旁的水湿处以及弃耕地、街道附近、道路两旁

续表

中文名	学名（拉丁名）	科名	属名	原产地	生活型	入侵过程	生境
天人菊	Gaillardia pulchella	菊科 Asteraceae	天人菊属	美洲	一年生草本	作为观赏植物引种	庭院或绿化带栽培
牛膝菊	Galinsoga parviflora	菊科 Asteraceae	牛膝菊属	南美洲	一年生草本	无意引进	林下、河谷地、荒野、河边、田间、溪边或城市郊区路旁
粗毛牛膝菊	Galinsoga quadriradiata	菊科 Asteraceae	牛膝菊属	墨西哥	一年生草本	无意引进	偶见于路旁
蒿子杆	Glebionis carinata	菊科 Asteraceae	蒿属	地中海地区	一年生或二年生草本	有意引进	农田栽培
南蒿	Glebionis coronaria	菊科 Asteraceae	蒿属	地中海地区	一年生或二年生草本	作为蔬菜引种	各地均有栽培，有时逸为野生
堆心菊	Helenium autumnale	菊科 Asteraceae	堆心菊属	北美洲	多年生草本	作为观赏绿化植物引种	常作为绿化植物栽培于公园、绿化带，有的逸生为杂草
菊芋	Helianthus tuberosus	菊科 Asteraceae	向日葵属	北美洲	多年生草本	作为观赏植物引种	各地广泛栽培，也逸生为路边杂草
莴苣	Lactuca sativa	菊科 Asteraceae	莴苣属	不详	一年生或二年生草本	有意引进	各地均有栽培，亦有野生
野莴苣	Lactuca serriola	菊科 Asteraceae	莴苣属	地中海沿岸	二年生草本	无意引进	多生于河边的黏土或砂质土壤上
滨菊	Leucanthemum vulgare	菊科 Asteraceae	滨菊属	欧洲	多年生草本	作为观赏植物引种	公园栽培观赏，也逸生于山坡草地或河边为杂草
金光菊	Rudbeckia laciniata	菊科 Asteraceae	金光菊属	北美洲	多年生草本	有意引进	各地庭院常见栽培
欧洲千里光	Senecio vulgaris	菊科 Asteraceae	千里光属	欧洲	一年生草本	无意引进，19世纪侵入中国东北部，20世纪初发现于香港	生于开旷山坡、草地、路旁

续表

中文名	学名（拉丁名）	科名	属名	原产地	生活型	入侵过程	生境
水飞蓟	Silybum marianum	菊科 Asteraceae	水飞蓟属	欧洲、地中海沿岸、北非、亚洲	一年生或二年生草本	作为绿肥植物引种	各地公园、植物园或庭院都有栽培
加拿大一枝黄花	Solidago canadensis	菊科 Asteraceae	一枝黄花属	北美洲	多年生草本	作为观赏植物引种，20世纪80年代扩散蔓延	公园及植物园引种栽培
续断菊	Sonchus asper	菊科 Asteraceae	苦苣菜属	欧洲、地中海沿岸	一年生草本	可能经丝绸之路传入	入侵农田、草坪
苦苣菜	Sonchus oleraceus	菊科 Asteraceae	苦苣菜属	欧洲、地中海沿岸	一年生或二年生草本	无意引进	杂草，影响景观
万寿菊	Tagetes erecta	菊科 Asteraceae	万寿菊属	墨西哥	一年生草本	作为观赏植物引种	人侵山坡等地，影响生物多样性
药用蒲公英	Taraxacum officinale	菊科 Asteraceae	蒲公英属	欧洲	多年生草本	作为药用植物引种	生于田间、路边
意大利苍耳	Xanthium italicum	菊科 Asteraceae	苍耳属	欧洲、北美洲	一年生草本	无意引进	生于路边、河边
刺苍耳	Xanthium spinosum	菊科 Asteraceae	苍耳属	南美洲	一年生草本	无意引进	生于路边、荒地、旱作物地
百日菊	Zinnia elegans	菊科 Asteraceae	百日菊属	墨西哥	一年生草本	作为观赏植物引种	各地广泛栽培
多花百日菊	Zinnia peruviama	菊科 Asteraceae	百日菊属	墨西哥	一年生草本	作为观赏植物引种，1933年采集于陕西商州	逸生为杂草

续表

中文名	学名（拉丁名）	科名	属名	原产地	生活型	入侵过程	生境
松果菊	Echinacea purpurea	菊科 Asteraceae	松果菊属	北美洲中部和东部	多年生草本	作为观赏植物引种	各地广泛栽培
梁子菜	Erechtites hieraciifolius	菊科 Asteraceae	菊芹属	墨西哥	一年生草本	无意引进	山坡、林下、灌木丛中或湿地
假苍耳	Cyclachaena xanthiifolia	菊科 Asteraceae	假苍耳属	北美洲、欧洲	一年生草本	无意引进	生于农田、路旁、荒地
葱莲	Zephyranthes candida	石蒜科 Amaryllidaceae	葱莲属	南美洲	多年生草本	作为观赏植物引种	多为栽培
凤眼莲	Eichhornia crassipes	雨久花科 Pontederiaceae	凤眼莲属	巴西	多年生浮水草本	有意引进	生于沟渠、水塘
节节麦	Aegilops tauschii	禾本科 Poaceae	山羊草属	西亚	一年生草本	作为牧草引种	多生于荒草地或麦田中
野燕麦	Avena fatua	禾本科 Poaceae	燕麦属	欧洲南部、地中海沿岸	一年生或二年生草本	无意引进	生于荒芜田野或为田间杂草
田雀麦	Bromus arvensis	禾本科 Poaceae	雀麦属	欧洲、地中海沿岸、马拉雅地区、中亚、俄罗斯西伯利亚	一年生草本	有意引进	生于田间路旁、山坡林缘、湿地
扁穗雀麦	Bromus catharticus	禾本科 Poaceae	雀麦属	南美洲	一年生草本	作为牧草引种	生于农田、路边、草地
野牛草	Buchloe dactyloides	禾本科 Poaceae	野牛草属	美国、墨西哥	多年生草本	作为水土保持植物引种	农场、草场、草坪杂草
蒺藜草	Cenchrus echinatus	禾本科 Poaceae	蒺藜草属	日本、印度、缅甸、巴基斯坦	一年生草本	无意引进	生于邻海沙土上
少花蒺藜草	Cenchrus spinifex	禾本科 Poaceae	蒺藜草属	北美洲及热带沿海地区	一年生草本	无意引进	生于草地、沙地

续表

中文名	学名（拉丁名）	科名	属名	原产地	生活型	入侵过程	生境
非洲虎尾草	Chloris gayana	禾本科 Poaceae	虎尾草属	非洲	多年生草本	作为牧草引种	多为栽培，有时逸生为杂草
苇状羊茅	Festuca arundinacea	禾本科 Poaceae	羊茅属	欧洲	多年生草本	先后从欧洲、美国、澳大利亚引种	生于灌丛、林缘
草甸羊茅	Festuca pratensis	禾本科 Poaceae	羊茅属	西亚、欧洲	多年生草本	作为牧草引种	生于山坡草地、河谷、水渠边
芒颖大麦草	Hordeum jubatum	禾本科 Poaceae	大麦属	北美洲及欧亚大陆的寒温带	二年生草本	作为牧草引种	农田、路边、草场杂草
田野黑麦草	Lolium temulentum var. arvense	禾本科 Poaceae	黑麦草属	欧洲、地中海沿岸、小亚细亚半岛	一年生草本	无意引进	生于荒野田地
多花黑麦草	Lolium multiflorum	禾本科 Poaceae	黑麦草属	非洲、欧洲、亚洲西南部	一年生或二年生草本	作为牧草引种	大多作为优良牧草普遍引种栽培
黑麦草	Lolium perenne	禾本科 Poaceae	黑麦草属	克什米尔地区、巴基斯坦、欧洲、亚洲暖温带、北非	多年生草本	作为栽培，在北方栽培，后引种到其他地区	生于草甸草场、路旁湿地
毒麦	Lolium temulentum	禾本科 Poaceae	黑麦草属	地中海沿岸、欧洲、中亚、俄罗斯西伯利亚、高加索地区、小亚细亚半岛	一年生草本	无意引进	麦田杂草
百草草	Paspalum notatum	禾本科 Poaceae	雀稗属	美洲	多年生草本	作为牧草引种	多为栽培

续表

中文名	学名（拉丁名）	科名	属名	原产地	生活型	入侵过程	生境
梯牧草	Phleum pratense	禾本科 Poaceae	梯牧草属	欧洲、西亚	多年生草本	作为牧草有意引种到华北、华东	多为栽培
加拿大早熟禾	Poa compressa	禾本科 Poaceae	早熟禾属	欧洲	多年生草本	作为牧草引种	草场、路边杂草
黑麦	Secale cereale	禾本科 Poaceae	黑麦属	北非（栽培起源）	一年生或越年生草本	作为牧草引种	多为栽培
石茅	Sorghum halepense	禾本科 Poaceae	高粱属	地中海沿岸	一年生草本	无意引进	生于山谷、河边、荒野或耕地中
苏丹草	Sorghum sudanense	禾本科 Poaceae	高粱属	非洲	一年生草本	作为牧草引种	多为栽培，逸生为农田、路边杂草
大米草	Spartina anglica	禾本科 Poaceae	米草属	欧洲	多年生草本	有意引进	偶见于海滩
旱金莲	Tropaeolum majus	旱金莲科 Tropaeolaceae	旱金莲属	秘鲁、巴西	一年生草本	作为观赏植物引种	庭院或温室栽培
美人蕉	Canna indica	美人蕉科 Cannaceae	美人蕉属	印度	多年生草本	作为观赏植物引种	多为栽培，供观赏
落地生根	Bryophyllum pinnatum	景天科 Crassulaceae	落地生根属	东非	多年生草本	作为观赏植物引种	多为栽培，供观赏
芦荟	Aloe vera	百合科 Liliaceae	芦荟属	非洲	多年生常绿草本	作为药用植物引种	多为栽培，供观赏
金娃娃萱草	Hemerocallis fulva 'Golden Doll'	百合科 Liliaceae	萱草属	北美洲	多年生草本	作为观赏植物引种	多为栽培，供观赏

续表

中文名	学名（拉丁名）	科名	属名	原产地	生活型	入侵过程	生境
仙人掌	Opuntia dillenii	仙人掌科 Cactaceae	仙人掌属	墨西哥东海岸、美国南部及东南部沿海地区、西印度群岛、巴慕大群岛、南美洲北部	丛生肉质灌木	有意引进	通常栽作围篱，茎供药用
再力花	Thalia dealbata	竹芋科 Marantaceae	水竹芋属	美国中部、南部和墨西哥	多年生挺水草本	有意引进	常成片种植于水池或湿地

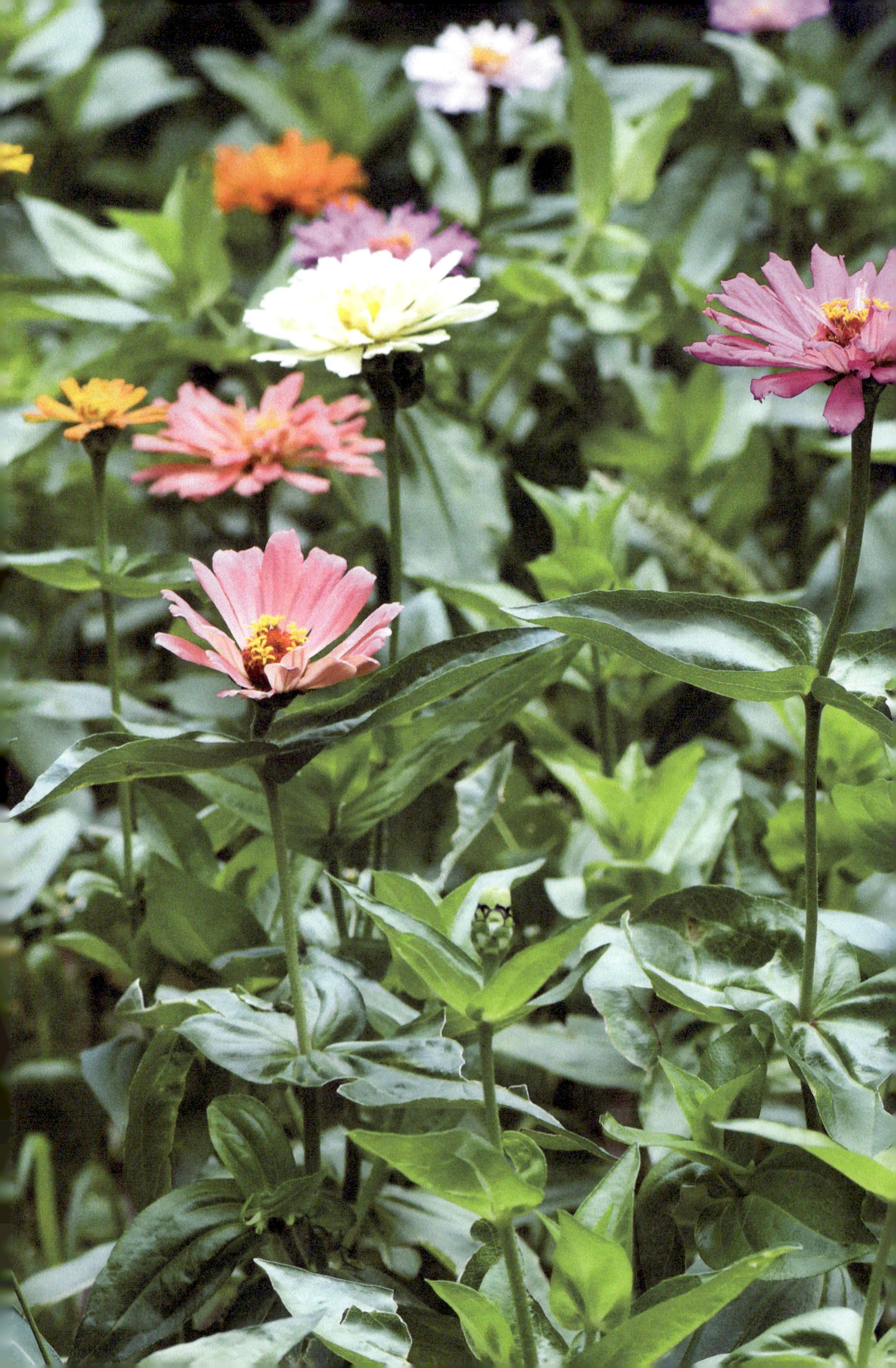

第二章

河北省常见外来入侵植物图谱

1 大 麻

学名 *Cannabis sativa* L.　　**英文名** hemp　　**分类地位** 大麻科

一年生草本，植株高1–3m。茎有纵沟，灰绿色，密生柔毛。叶互生或下部对生，掌状全裂，小叶披针形或线状披针形，长7–15cm，先端渐尖，边缘有锯齿，叶柄长4–13cm，被糙毛。花雌雄异株，雄花序圆锥形，花黄绿色，花被片5，雄蕊5，雌花序短，生于叶腋，球形或穗形，花绿色，雌蕊1，子房球形，花柱2。瘦果扁卵形，两面凸，质硬，灰色。花期7–8月，果期9–10月。原产不丹、印度、中亚，有意引进。河北省各地均有分布。农田杂草。

幼苗（张风娟 摄）　　雌株（张风娟 摄）

2 垂序商陆

学名 *Phytolacca americana* L.
英文名 common pokeweed, coakum, poke-berry, scoke **分类地位** 商陆科

多年生草本。根粗壮肥厚，分叉。茎直立，绿色或微带紫红色。叶互生，单叶，椭圆状卵形或卵状披针形，先端急尖，基部楔形。花两性，总状花序顶生或侧生，常与叶对生，萼片5，雄蕊8，心皮8–10离生。果序下垂，浆果扁球形，熟时紫黑色。花期6–8月，果期8–10月。原产北美洲，有意引进。河北省各地均有分布。为茶园、果园等地的杂草，根和浆果对人及家畜有毒。

果序（张风娟 摄）

植株（张风娟 摄）

3 紫茉莉

学名 *Mirabilis jalapa* L.　　**英文名** four-o'clock　　**分类地位** 紫茉莉科

多年生草本。根肥大。茎直立，多分枝，节膨大。叶对生，卵形或卵状三角形，先端渐尖，基部截形或心形，全缘，叶柄长1–4cm。花两性，常数朵簇生于枝顶，苞片5，萼片状，绿色。花被漏斗形。雄蕊5，常伸出花被外。瘦果。花期6–10月，果期8–11月。原产热带美洲，有意引进。河北省各地均有栽培。可降低生物多样性。

植株（张风娟 摄）

花（张风娟 摄）

种子（樊英鑫 摄）

4 大花马齿苋

学名 *Portulaca grandiflora* Hook. **英文名** large flower purslane **分类地位** 马齿苋科

一年生草本。茎紫红色，多分枝，疏生毛。叶散生，肉质。花单生或数朵簇生于枝端，萼片2，花瓣5。雄蕊多数排列成圈，基部联合，花柱单生，3–9裂。蒴果。花期6–9月。原产巴西，有意引进。河北省各地均有栽培观赏。

花（张风娟 摄）

植株（樊英鑫 摄）

5 肥皂草

学名 *Saponaria officinalis* L.　　**英文名** soapwort　　**分类地位** 石竹科

多年生草本。茎直立，上部分枝，被短柔毛，节部稍膨大。叶对生，基部渐狭成柄，稍抱茎。聚伞花序生茎顶或上部叶腋，具3–7花，苞片披针形，花萼圆筒形，花瓣5，淡粉红色或白色，顶端微凹缺，基部具爪，喉部具2枚鳞片状附属物，雄蕊10，花柱2。蒴果1室。花、果期6–9月。原产地中海地区，有意引进。河北省各地常见栽培观赏。有毒。

花（张风娟 摄）

植株（张风娟 摄）

种子（樊英鑫 摄）

6 麦蓝菜

学名 *Vaccaria hispanica* (Miller) Rauschert　　**英文名** cow soapwort　　**分类地位** 石竹科

一年生或二年生草本。茎单生，直立，中空，节部膨大，上部二叉状分枝。叶对生，无柄。二歧聚伞花序呈伞房状，苞片2，花萼卵状圆筒形，具5棱，萼齿小，花瓣淡红色，下部具爪，狭楔形，淡绿色，瓣片微凹缺，雄蕊10，内藏于花萼筒内，花柱2。蒴果。花期5–7月，果期6–8月。原产欧洲、亚洲，无意引进。河北省各地常见栽培。农田杂草，主要危害小麦、油菜等夏熟作物。

花（张风娟 摄）

植株（张风娟 摄）

7 麦仙翁

学名 *Agrostemma githago* L.　　**英文名** corn cockle　　**分类地位** 石竹科

一年生草本。全株密被白色长硬毛。茎单生，不分枝或上部分枝。叶线形或线状披针形，基部抱茎，中脉明显。花单生，花梗极长；花萼长椭圆状卵形，萼裂片线形，叶状；花瓣紫红色，爪狭楔形，瓣片倒卵形，微凹缺；雄蕊和花柱外露，花柱被长毛。蒴果。花期6-8月，果期7-9月。原产欧洲、亚洲、北非、北美洲，作为观赏植物引种。河北省各地常见栽培。全株有毒，对人、畜、家禽的健康会造成危害。

植株（张风娟 摄）　　花（张风娟 摄）

8 杂配藜

学名 *Chenopodium hybridum* L.　　**英文名** maple-leaved goosefoot　　**分类地位** 藜科

一年生草本。茎直立，具淡黄色或紫色条棱，通常不分枝。叶互生，具长柄，宽卵形至卵状三角形，两面均呈绿色，先端急尖或渐尖，基部圆形、截形或微心形，边缘具长渐尖或锐尖的牙齿；上部叶较小，叶多呈三角状戟形。花序圆锥状，顶生或腋生，花两性兼有雌性，通常数朵聚集，花被片5，雄蕊5，柱头2。胞果。花、果期7-9月。原产欧洲、西亚，无意引进。河北省各地均有分布。农田杂草之一，会与作物争夺水源，降低产量，家畜大量食用会造成硝酸盐中毒。

植株（张风娟 摄）　　　　　　　　花序（张风娟 摄）

9 土荆芥

学名 *Dysphania ambrosioides* (L.) Mosyakin et Clemants
英文名 Mexican tea　　**分类地位** 藜科

一年生或多年生草本。茎直立，有棱，多分枝。叶长圆状披针形至披针形，先端急尖或渐尖，基部渐窄具短柄，下面有黄色腺点。花两性及雌性，通常3-5朵簇生于叶腋，花被裂片5，较少为3，绿色，雄蕊5，花柱不明显，柱头通常3。胞果。原产热带美洲，无意引进。河北省均有分布。路边常见杂草，排挤本地物种，含有有毒挥发油，对其他植物产生化感作用，是常见的花粉过敏原。

花序（张风娟 摄）

群落（张风娟 摄）

植株（张风娟 摄）

10 刺沙蓬

学名 *Salsola tragus* Scop.　　**英文名** tumbleweed　　**分类地位** 藜科

一年生草本。茎自基部分枝，茎、枝生短硬毛或近于无毛，有白色或紫红色条纹。叶互生，肉质，顶端有硬刺状尖。花序穗状，生于枝条的上部，苞片顶端有刺状尖，基部边缘膜质，比小苞片长，小苞片卵形，顶端有刺状尖，花被片长卵形，膜质，花被片果时变硬，自背面中部生翅。花期8–9月，果期9–10月。原产中亚、西亚、南欧，无意引进。河北张家口、承德、秦皇岛有分布。危害较大，不仅会携带害虫，还影响道路交通。

植株（张风娟 摄）　　　　花（张风娟 摄）

11 喜旱莲子草

学名 *Alternanthera philoxeroides* (Mart.) Griseb.　　**英文名** alligator weed　　**分类地位** 苋科

多年生草本。茎基部匍匐，具分枝。叶矩圆形、矩圆状倒卵形或倒卵状披针形，全缘。花密生，成头状花序，具总花梗，单生于叶腋，球形，花被片矩圆形，雄蕊基部连合成杯状，退化雄蕊矩圆状条形，和雄蕊约等长，子房倒卵形，具短柄。花期5–10月。原产巴西，有意引进。河北邯郸有分布。繁殖速度快，严重危害农牧渔业生产，降低入侵地的生物多样性。

花（张风娟 摄）

植株（张风娟 摄）

12 北美苋

学名 *Amaranthus blitoides* S. Watson

英文名 prostrate amaranth, prostrate pigweed　　**分类地位** 苋科

一年生草本。茎大部分伏卧，从基部分枝，绿白色。叶密，倒卵形、匙形至长圆状倒披针形，基部楔形，全缘。花簇生于叶腋，有少数花；花被片4，有时5，绿色，柱头3。胞果。花期8–9月，果期9–10月。原产北美洲，无意引进。河北省各地均有分布。侵入秋熟旱作物田，危害菜园。

植株（孙李光 摄）

植株（张风娟 摄）

13 凹头苋

学名 *Amaranthus blitum* L.　　**英文名** emarginate amaranth　　**分类地位** 苋科

一年生草本。茎伏卧上升，从基部分枝，淡绿色具条棱。叶卵形或菱状卵形，先端凹缺，基部宽楔形，叶柄与叶片近等长。生于叶腋的花簇生，绿色，着生枝顶的花形成粗壮顶穗，花被片长圆形或披针形，长于苞片，边缘向内弯曲。胞果近扁圆形，略皱缩。花期7–8月，果期8–9月。原产热带美洲，无意引进。河北省各地均有分布。繁殖快，影响农业生产和人类活动。

叶（张风娟 摄）

植株（张风娟 摄）

14 老鸦谷（繁穗苋）

学名 *Amaranthus cruentus* L.　　**英文名** amaranthus paniculatus　　**分类地位** 苋科

一年生草本。茎粗壮，淡绿色，具条纹。叶菱状卵形，先端短渐尖或圆钝，具凸尖，基部宽楔形，稍不对称，全缘或波状，绿色或红色。雌雄花混生成穗状圆锥花序顶生，直立或后下垂，分枝多数；苞片披针形，透明，先端尾尖，疏生齿；雄花花被片长圆形，雌花花被片长圆状披针形，顶端钝。雄蕊稍突出；柱头3。胞果。花期7–8月，果期9–10月。原产中美洲，有意引进。河北省南部、东部地区有分布。常危害蔬菜、果园及茶园。

植株（樊英鑫 摄）　　花序（张风娟 摄）

15 千穗谷

学名 *Amaranthus hypochondriacus* L.　　**英文名** prince-of-wales feather　　**分类地位** 苋科

一年生草本。茎绿色或紫红色，分枝。叶菱状卵形或长圆状披针形，先端锐尖或短渐尖，基部楔形，全缘或波状，无毛，上面常带紫色。圆锥花序顶生，直立，有多数穗状花序组成，苞片长为花被片的2倍，柱头2–3。胞果。花期7–8月，果期8–9月。原产北美洲，有意引进。河北省南部地区有分布。栽培供观赏。

植株（张凤娟 摄）

16 长芒苋

学名 *Amaranthus palmeri* S. Watson　　**英文名** amaranthus longans　　**分类地位** 苋科

一年生草本。茎直立，有绿色条纹，有时带淡红褐色。茎上部叶呈披针形，先端钝，急尖或微凹，基部楔形，略下延，边缘全缘。雌雄异株，穗状花序顶生和腋生，生于枝顶端者，花期紧密，果期疏松，生于叶腋者较短，苞片钻状披针形，先端芒刺状，雌花花被片下部具狭膜质边缘，雄花花被片5，雄蕊5，雌花花被片5。果近球形，果皮膜质。花、果期7—10月。原产北美洲，无意引进。河北保定、石家庄有分布。危害玉米、棉花、大豆等作物，容易对草甘膦等除草剂产生抗药性。

花序（张风娟 摄）

植株（张风娟 摄）

17 合被苋

学名 *Amaranthus polygonoides* L.　　**英文名** amaranthus polygonoides　　**分类地位** 苋科

一年生草本。茎直立或斜升，绿白色，通常多分枝。叶卵形、倒卵形或椭圆状披针形，先端微凹或圆形，具芒尖，基部楔形，叶上面中央常横生一条白色斑带。花簇生于叶腋，总花梗极短，花单性，雌雄花混生，花被片4–5裂，膜质，白色；雄花花被片长椭圆形，仅基部连合，雄蕊2–3，雌花花被裂片匙形，柱头2–3裂。胞果不裂。花、果期9–10月。原产美国西南部、墨西哥，无意引进。河北省南部地区有分布。旱地和草坪中的杂草。

植株（张风娟 摄）

18 反枝苋

学名 *Amaranthus retroflexus* L.　　**英文名** redroot pigweed　　**分类地位** 苋科

一年生草本。幼茎四棱形，密被短柔毛。叶互生，先端锐尖或尖凹，具小凸尖，基部楔形，两面及边缘被柔毛，下面毛较密。穗状圆锥花序较粗壮，顶生或腋生，苞片钻形，干膜质透明，花被片薄膜质，中脉淡绿色，雄蕊较花被片稍长，柱头3，有时2。胞果。花期7-8月，果期8-9月。原产热带美洲，无意引进。河北省各地均有分布。秋熟旱作物田中的主要阔叶杂草。

花序（张风娟 摄）

植株（张风娟 摄）　　果实和种子（樊英鑫 摄）

19 刺 苋

学名 *Amaranthus spinosus* L.　　**英文名** spiny amaranth，theorny amaranth　　**分类地位** 苋科

一年生草本。茎直立，多分枝。叶互生，先端有细刺，基部楔形，全缘，叶柄旁有2刺。花单性或杂性，雌花簇生于叶腋，顶生花序常全部为雄花，一部分苞片变成尖锐直刺，在顶生花穗的上部苞片狭披针形，花被片绿色，顶端急尖，具凸尖，雄花花被片矩圆形，雌花花被片矩圆状匙形，柱头3，有时2。胞果。花期7-8月，果期8-10月。原产热带美洲，无意引进。河北秦皇岛、唐山、保定、石家庄等地均有分布。蔬菜地主要杂草，也发生于秋熟旱作物田中。

茎和刺（张风娟 摄）

群落（张风娟 摄）　　花序（张风娟 摄）

20 苋

学名 *Amaranthus tricolor* L.
英文名 flower gentle，three-coloured amaranth　　**分类地位** 苋科

一年生草本。茎常分枝。叶卵形、菱状卵形或椭圆状披针形，绿色或带红色、紫色或黄色，先端圆钝，具凸尖，基部楔形，全缘，无毛。花单性或杂性，生于叶腋者簇生，生于茎顶者组成下垂穗状花序，雄花和雌花混生，苞片卵状披针形，干膜质，顶端具长芒尖，花被片长圆形，绿色或黄绿色，顶端具长芒尖，背面具绿色或紫色中脉，雄蕊3，花柱2–3。胞果。花期5–8月，果期7–9月。原产印度，有意引进。河北省各地均有栽培，有少量逸生。通常为栽培蔬菜，有时入侵其他作物田成为有害杂草。

植株（张风娟 摄）　　花序（张风娟 摄）

21 皱果苋

学名 *Amaranthus viridis* L.
英文名 wild amaranth, wrinkled fruit amaranth　　**分类地位** 苋科

一年生草本。茎直立，稍分枝。叶先端凹缺，稀圆钝，具小芒尖，基部宽楔形或近平截。穗状圆锥花序顶生，顶生花穗较侧生者长，花被片长圆形或倒披针形，雄蕊比花被片短，柱头(2)3。胞果扁球形，不裂，皱缩，露出花被片。花期6–8月，果期8–10月。原产南美洲，无意引进。河北省各地均有分布。常见杂草，危害蔬菜和秋熟旱作物。

花序（张风娟 摄）

植株（张风娟 摄）

果实和种子（樊英鑫 摄）

22 鸡冠花

学名 *Celosia cristata* L.　　**英文名** cockscomb flower, cockscomb　　**分类地位** 苋科

一年生草本。茎直立，具条棱，绿色或紫红色。叶互生，先端渐尖，基部渐狭。花序扁平肉质，鸡冠状、卷冠状或羽毛状的穗状花序，下有数个较小的花序分枝，圆锥状长圆形，表面羽毛状，花被片红色、黄色、紫色或红黄相间。花、果期7–10月。原产热带美洲，有意引进。河北省各地常见栽培观赏。无明显危害。

花序（张风娟 摄）

植株（张风娟 摄）

果实和种子（樊英鑫 摄）

23 千日红

学名 *Gomphrena globosa* L.
英文名 common globe-amaranth, bachelor's button **分类地位** 苋科

一年生草本。茎粗壮，有分枝，被灰色毛。叶纸质，先端尖或圆钝，基部渐窄，边缘波状，两面被白色长柔毛。顶生球形或长圆形头状花序，单一或2–3个，常紫红色，有时淡紫，总苞具2绿色对生叶状苞片，卵形或心形，苞片卵形，白色，先端紫红色。花被片披针形，密被白色绵毛，雄蕊花丝连成筒状，顶端5浅裂，花柱条形，柱头叉状分枝。胞果。花期6–7月，果期8–9月。原产热带美洲，有意引进。河北省各地常见栽培。无明显危害。

花（孙李光 摄）

植株（樊英鑫 摄）

花（孙李光 摄）

24 野罂粟

学名 *Papaver nudicaule* L.　　**英文名** iceland poppy　　**分类地位** 罂粟科

多年生草本。根茎粗短，常不分枝，被残枯叶鞘。茎极短。叶基生，羽状浅裂、深裂或全裂，裂片2–4对，两面稍被白粉，叶柄被刚毛。花葶1至数枝，被刚毛，花单生于花葶顶端；萼片2，早落，花瓣4，宽楔形或倒卵形，具浅波状圆齿及短爪，淡黄色、黄色或橙黄色；花丝钻形，柱头4–8，辐射状。蒴果密被刚毛。花、果期5–9月。原产中亚、北亚、北美洲，有意引进。河北省各地均有分布。对人类身体有一定危害。

植株（张风娟 摄）

花（张风娟 摄）

种子（樊英鑫 摄）

25 虞美人

学名 *Papaver rhoeas* L.
英文名 common poppy, corn poppy, field poppy, flanders poppy, red poppy, red poppy flower
分类地位 罂粟科

一年生草本。茎细长，有乳汁。茎、叶、花梗、萼片被淡黄色刚毛。茎分枝。叶披针形，二回羽状分裂，下部叶具柄，上部叶无柄。花单生于茎枝顶端，花蕾时下垂，萼片2，花瓣4，全缘，紫红色、粉色至白色，有时具深紫色斑点，雄蕊多数，花丝深紫红色，花药黄色，子房上位，柱头5–18。蒴果。花期3–8月。原产欧洲，有意引进。河北省各地常见栽培观赏。全株含多种生物碱，有一定的毒性。

植株（张风娟 摄）　　　果实（张风娟 摄）

26 醉蝶花

学名 *Tarenaya hassleriana* (Chodat) Iltis
英文名 spider flower，spider plant **分类地位** 白花菜科

一年生草本，有黏性腺毛和强烈的臭味。掌状复叶互生，小叶5–7，托叶刺状。总状花序顶生，萼片4，花瓣4，紫色或粉红色，倒卵形，有长爪，雄蕊6，雌雄蕊柄长1–3mm，雌蕊柄长4cm。蒴果。花期7–9月，果期8–10月。原产南美洲，有意引进。河北省各地常见栽培。无明显危害。

植株（张风娟 摄）　　　　花序（张风娟 摄）

27 芝麻菜

学名 *Eruca vesicaria* subsp. *sativa* (Miller) Thellung
英文名 garden rocket, rocketsalad roquette **分类地位** 十字花科

一年生草本。茎直立，上部分枝，疏被刚毛。茎生叶及下部叶大头羽状分裂或不裂，全缘，上部叶无柄。花序总状，花黄色，有紫色纹，萼片窄椭圆形，花瓣倒卵形，基部具长爪。长角果。花期5—6月，果期7—8月。原产欧洲、西亚、北非，有意引进。河北省各地均有分布。无明显危害。

植株（张风娟 摄）

花（张风娟 摄）

果序（张风娟 摄）

28 绿独行菜

学名 *Lepidium campestre* (L.) R. Br.　　**英文名** pepperwort　　**分类地位** 十字花科

一年生或二年生草本。茎直立，绿色，单一，通常在上部成伞房状分枝或不分枝。基生叶有柄，匙状长圆形，大头羽裂或羽状浅裂，茎生叶披针形或椭圆状披针形，基部箭形，抱茎，先端钝，边缘有波状小牙齿。花序总状，花小，萼片白色，花瓣白色，倒卵状楔形，具爪，雄蕊6，有蜜腺。短角果。花、果期5–6月。原产西亚、俄罗斯、欧洲，无意引进。河北省东部、南部地区有分布。路边、草坪杂草。

植株（孙李光 摄）

果实（孙李光 摄） 　　叶（孙李光 摄）

29 密花独行菜

学名 *Lepidium densiflorum* Schrad.
英文名 densiflowered pepperweed　　**分类地位** 十字花科

一年生或二年生草本。枝有疏生的短柔毛。基生叶莲座状，叶缘具不规则粗深锯齿，先端尖锐，茎下部叶具短柄，窄倒披针形或线形，具不规则锯齿，茎上部叶逐渐变小，近无柄。总状花序顶生，具密生花，萼片卵形，边缘白色，花瓣常缺或退化为丝状，雄蕊2。短角果。花期第二年5–6月，果期6–7月。原产北美洲，无意引进。河北省东部、南部地区有分布。生于海滨、沙地、农田边、路边。

花序（孙李光 摄）

30 北美独行菜

学名 *Lepidium virginicum* L.
英文名 virginia pepperweed，poor-man's pepper **分类地位** 十字花科

一年生或二年生草本。茎单一，中部以上分枝，被柱状细柔毛。基生叶倒披针形，羽状分裂或大头羽裂，茎生叶有短柄，倒披针形或线形，两面无毛。总状花序顶生，萼片椭圆形，花瓣白色，雄蕊2或4。短角果。花期4—6月，果期5—7月。原产北美洲，无意引进。河北省东部、南部地区有分布。不仅通过养分竞争、空间竞争和化感作用而造成农作物减产，还是棉蚜、麦蚜及甘蓝霜霉病和白菜病病毒的中间寄主。

植株（张风娟 摄）

果序（张风娟 摄）

31 豆瓣菜

学名 *Nasturtium officinale* R. Br.　**英文名** watercress　**分类地位** 十字花科

多年生草本，具根状茎。茎匍匐或浮水生，多分枝，节上生不定根。叶为奇数大头羽状复叶，小叶3-7(9)，顶端1片较大，近全缘或呈浅波状，基部截平，叶柄基部呈耳状，略抱茎。总状花序顶生，果期延长，花多数；花瓣白色。长角果。花期4-5月，果期6-7月。原产西亚、欧洲，有意引进。河北省各地均有分布。危害较小。

花（张风娟 摄）

植株（张风娟 摄）

32 紫穗槐

学名 *Amorpha fruticosa* L.　　**英文名** false indigo bush　　**分类地位** 豆科

多年生灌木。叶互生，奇数羽状复叶，小叶卵形或椭圆形，先端圆形，锐尖或微凹，有一短而弯曲的尖刺，基部宽楔形或圆形，下面有白色短柔毛，具腺点。穗状花序常1至数个顶生和枝端腋生，密被短柔毛，花萼较萼筒短，旗瓣心形，紫色，无翼瓣和龙骨瓣，雄蕊10，单体雄蕊。荚果。花、果期5—10月。原产美国东北部及东南部，有意引进。河北省各地常见栽培。无明显危害。

花序（张风娟 摄）

植株（张风娟 摄）　　果实和种子（樊英鑫 摄）

33 紫苜蓿

学名 *Medicago sativa* L.　英文名 alfalfa　分类地位 豆科

多年生草本。茎四棱形，羽状三出复叶，托叶大，卵状披针形。叶柄比小叶短，叶两面被贴伏柔毛，侧脉8–10对，顶生小叶柄比侧生小叶柄稍长。花序总状或头状，花萼钟形，花冠紫色、深蓝色或暗紫色，花瓣均具长瓣柄，旗瓣长圆形，明显长于翼瓣和龙骨瓣，龙骨瓣稍短于翼瓣。荚果。花期5–7月，果期6–8月。原产西亚，有意引进。河北省各地常见栽培，野外有逸生。路边、农田和草场内杂草。

植株（张风娟 摄）

花序（张风娟 摄）

果实（张风娟 摄）

34 白花草木樨

学名 *Melilotus albus* Desr.　　英文名 white sweetclover　　分类地位 豆科

一年生或二年生草本，有香气。茎直立，圆柱形。羽状三出复叶，小叶边缘有锯齿。总状花序腋生，花小，多数，花萼钟状，有柔毛，花冠白色，旗瓣椭圆形，先端微凹，翼瓣比旗瓣稍短，龙骨瓣比翼瓣稍短或等长。荚果，内有种子1~2。花、果期6~8月。原产西亚至南欧，有意引进。河北省各地均有分布。路边、农田和草场内杂草。

果序（樊英鑫 摄）

植株（张凤娟 摄）

花序（张凤娟 摄）

35 草木樨

学名 *Melilotus officinalis* (L.) Pall.　　英文名 sweetclover　　分类地位 豆科

二年生草本。茎直立，多分枝，具纵棱，微被柔毛。三出羽状复叶；托叶线形，中央有1条脉纹；叶柄细长，顶生小叶稍大，具较长的小叶柄，侧小叶的小叶柄短。总状花序细长，腋生，花萼钟形，花冠黄色，旗瓣宽椭圆形，先端微凹，与翼瓣近等长，龙骨瓣稍短或三者均近等长。荚果卵球形。花期5–9月，果期6–10月。原产西亚至南欧，有意引进。河北省各地均有分布。危害较小。

花序（张风娟 摄）

植株（张风娟 摄）

种子（樊英鑫 摄）

36　荷包豆

学名 *Phaseolus coccineus* L.　　**英文名** scarlet runner　　**分类地位** 豆科

多年生缠绕草本。3小叶羽状复叶；托叶小，小叶卵形或卵状菱形，先端渐尖或稍钝。花数朵生于比叶长的花序梗上，排成总状花序，花萼钟形，花萼齿比萼筒短，花冠通常鲜红色，偶为白色。荚果。原产中美洲，有意引进。河北省各地常见栽培。无明显危害。

植株（乔永明 摄）

花序（乔永明 摄）　　花（乔永明 摄）

37 刺 槐

学名 *Robinia pseudoacacia* L.　　**英文名** yellow locust　　**分类地位** 豆科

落叶乔木。树皮褐色，浅裂至深纵裂。小枝具托叶刺。羽状复叶，小叶2–12对，常对生，全缘。总状花序腋生，下垂，花萼杯状，萼齿5，密被柔毛；花冠白色，花瓣均具瓣柄，旗瓣近圆形，反折，翼瓣斜倒卵形，与旗瓣几等长，龙骨瓣镰状，三角形，二体雄蕊。荚果。花期4–6月，果期8–9月。原产美国东部，有意引进。河北省各地常见栽培。繁衍迅速且适应性强，影响入侵地的生物多样性。

植株（张风娟 摄）

花序（张风娟 摄）

果实（樊英鑫 摄）

38 望江南

学名 *Senna occidentalis* (L.) Link　　**英文名** coffee senna　　**分类地位** 豆科

灌木或亚灌木。叶互生,偶数羽状复叶,叶柄基部有1腺体,小叶6–10,对生,边缘有细毛。总状花序呈伞房状,顶生或腋生,花萼裂片5,花瓣5,黄色,基部具短而狭的爪,雄蕊10,子房被白色长柔毛。荚果线形。花期7–10月。原产热带美洲,有意引进。河北省南部地区常见栽培,野外有逸生。园林杂草。

花(张风娟 摄)　　果实(张风娟 摄)

39 田 菁

学名 *Sesbania cannabina* (Retz.) Poir.　**英文名** sesbania　**分类地位** 豆科

一年生草本。茎绿色，微被白粉。小枝疏生白色绢毛。偶数羽状复叶，小叶20–40对，小叶线状长圆形，两面被紫褐色小腺点，小托叶钻形，宿存。总状花序，疏生2–6花。总花梗细弱，下垂，花萼钟状，萼齿短三角形，花冠黄色，旗瓣扁圆形或近圆形，散生紫黑色点，翼瓣倒卵状椭圆形，龙骨瓣三角状阔卵形，雄蕊10，成9与1二体。荚果。花、果期7–12月。原产南亚和东南亚热带、亚热带地区，有意引进。河北省东部、南部地区有分布。环境杂草，有时入侵农田。

植株（张风娟 摄）　　　　花和果实（张风娟 摄）

40 红车轴草

学名 *Trifolium pratense* L.　　**英文名** red clover　　**分类地位** 豆科

多年生草本。茎具纵棱，三出掌状复叶，托叶近卵形，膜质，基部抱茎，小叶先端钝圆，基部宽楔形，叶面上常有"V"形白斑。花序球状，顶生，无总花梗或总花梗甚短，包于顶生叶的托叶内，花序具30–70花，密集，几无花梗，花萼钟形，被长柔毛，具脉纹10条，花冠紫红色至淡红色，旗瓣匙形，明显比翼瓣和龙骨瓣长，龙骨瓣比翼瓣稍短。荚果。花、果期5–9月。原产北非、中亚、欧洲，有意引进。河北省各地常见栽培，野外有逸生。草场、草坪和农田内杂草。

花序（张风娟 摄）

植株（张风娟 摄）

41 白车轴草

学名 *Trifolium repens* L.　英文名 white clover　分类地位 豆科

多年生草本。茎匍匐蔓生，节上生根。三出掌状复叶，互生，小叶边缘有细锯齿，托叶卵状披针形，抱茎。头状花序呈球形，从匍匐茎伸出，花萼钟形，萼齿三角状披针形，比萼筒短，花冠白色、乳黄色或淡红色，具香气，旗瓣椭圆形，比翼瓣和龙骨瓣长近1倍，龙骨瓣稍短于翼瓣。荚果。花、果期5–10月。原产北非、欧洲，有意引进。河北省各地常见栽培，野外有逸生。路边、农田和草场内杂草，对暖季型草坪危害尤为严重。

花序（张风娟 摄）

植株（张风娟 摄）

42 红花酢浆草

学名 *Oxalis corymbosa* DC.　　**英文名** corymb wood sorrel　　**分类地位** 酢浆草科

多年生直立草本。具球状鳞茎。叶基生，小叶3，托叶与叶柄基部合生。花序梗被毛，花梗具披针形干膜质苞片2枚，萼片5，花瓣5，淡紫色或紫红色，雄蕊10，5枚超出花柱，子房5室，花柱5。花、果期3–12月。原产热带南美洲，有意引进。河北省各地常见栽培，野外有逸生。常见杂草。

花（张风娟 摄）

植株（张风娟 摄）

43 亚 麻

学名 *Linum usitatissimum* L.　　**英文名** commom flax, flax　　**分类地位** 亚麻科

一年生草本。茎直立，多在上部分枝，韧皮部纤维强韧有弹性。叶互生，叶线形、线状披针形或披针形，先端锐尖，基部渐狭，两面无毛，全缘，无柄。聚伞花序，花单生于枝顶或枝的上部叶腋，萼片有3脉，全缘，花瓣5，蓝色或紫蓝色，稀白色或红色，雄蕊5，花丝基部合生，退化雄蕊钻状，子房5室，花柱5，分离。蒴果。花期6–8月，果期7–10月。原产地中海地区，有意引进。河北张家口、承德有栽培。无明显危害。

花（张风娟 摄）

植株（张风娟 摄）

种子（樊英鑫 摄）

44 猩猩草

学名 *Euphorbia cyathophora* Murr.　　**英文名** fire on the mountain　　**分类地位** 大戟科

一年生或多年生草本。茎上部多分枝。叶互生，苞叶与茎生叶同形，淡红色或基部红色。杯状聚伞花序有总花梗，生于分枝顶端，总苞钟状，绿色，5裂，裂片三角形，常齿状分裂，雄花多枚，常伸出总苞，雌花1，子房柄伸出总苞，花柱3。蒴果。花、果期5–11月。原产中南美洲，有意引进。河北省南部地区有栽培观赏。侵占栖息地，影响当地植物生长和生物多样性。

花序（张风娟 摄）

植株（张风娟 摄）

45 齿裂大戟

学名 *Euphorbia dentata* Michx.　　**英文名** toothed spurge　　**分类地位** 大戟科

一年生草本。茎单一，上部多分枝。叶对生，先端尖或钝，基部渐狭，总苞叶2–3，苞叶数枚，与退化叶混生。花序数枚，聚伞状生于分枝顶部，总苞钟形，边缘5裂，裂片三角形，边缘撕裂状，腺体1，二唇形，生于总苞侧面，淡黄褐色，雄花数枚，伸出总苞外，雌花1，花柱3，分离。蒴果扁球状。花、果期7–10月。原产北美洲，有意引进。河北省各地均有分布。农田杂草，有毒，繁殖力很强，影响农业生产和人畜健康。

果实（张风娟 摄）

植株（张风娟 摄）

46 大地锦草

学名 *Euphorbia nutans* Lag.
英文名 graceful spurge，black purslane，chickenweed，flux weed，garden spurge，large spotted spurge，milk purslane，tropical euphorbia　**分类地位** 大戟科

陆生一年生草本。茎直立。叶对生，狭倒卵形或狭长圆形，通常偏斜，边缘具细锯齿，上面深绿色，下面淡绿色，有时略带紫红色；托叶卵状三角形，苞叶2，与茎生叶同形。杯状聚伞花序数个簇生于叶腋或枝顶；总苞陀螺状，边缘5裂，雄花数枚，微伸出总苞外；雌花1，子房柄长于总苞；花柱3，分离。蒴果三棱状。花、果期8–12月。原产美洲，有意引进。河北省东部、南部地区有分布。入侵灌丛、旷野荒地、路旁或田间。

花序（张风娟 摄）

果实和种子（樊英鑫 摄）　植株（张风娟 摄）

47 斑地锦

学名 *Euphorbia maculata* L.
英文名 spotted spurge **分类地位** 大戟科

一年生草本。茎匍匐，分枝多，被白色细柔毛。叶对生，长椭圆形至倒卵状长圆形，先端钝，基部偏斜，不对称，边缘中部以下全缘，中部以上常具细小疏齿，叶上面绿色，中部常具有一个长圆形的紫色斑点，叶背淡绿色或灰绿色，新鲜时可见紫色斑，干时不清楚，托叶钻状。花序生于叶腋，总苞狭杯状，腺体4，雄花4–5，雌花1，柱头2裂。蒴果三角状卵形。花、果期4–9月。原产北美洲，无意引进。河北省各地均有分布。全株有毒，为旱作物田间杂草，还常见于苗圃和草坪上，尤其对草坪的危害较大。

种子和果实（樊英鑫 摄）

植株（张风娟 摄）

48 银边翠

学名 *Euphorbia marginata* Pursh.
英文名 snow-on-the-mountain euphorbia　　**分类地位** 大戟科

一年生草本。茎自基部向上极多分枝。叶互生，椭圆形或卵形，先端钝，具小尖头，绿色，全缘；无柄或近无柄，总苞叶2–3，全缘，绿色具宽白边，苞叶椭圆形，先端圆，基部渐狭，近无柄。花序单生于苞叶内或数个聚伞状着生，密被柔毛，总苞钟状，外部被柔毛，边缘5裂，腺体4，边缘具宽大的白色附属物，雄花多数，雌花1，子房密被柔毛，花柱3，分离，柱头2浅裂。蒴果近球状，果成熟时分裂为3个分果。花、果期6–9月。原产北美洲，有意引进。河北省各地多有栽培，常见于植物园、公园等处，供观赏。逸生种群影响生物多样性。其汁液食入、沾到眼睛上会导致食物中毒和一些严重的炎症。

花序（孙李光 摄）

植株（孙李光 摄）

49 蓖 麻

学名 *Ricinus communis* L.　　**英文名** castor-oil plant，castor bean　　**分类地位** 大戟科

一年生草本或草质灌木。茎圆形中空，小枝、叶和花序通常被白霜。叶互生，掌状7–11裂，边缘具锯齿，掌状脉7–11条，网脉明显，叶柄中空，顶端具2枚盘状腺体，基部具盘状腺体。总状花序或圆锥花序，雄花着生于花序下部，雄蕊束众多，雌花着生于花序上部，花柱淡红色；子房卵状，密生软刺或无刺。蒴果。花期几全年或6–9月（栽培）。原产非洲，有意引进。河北省各地均有分布。逸生后成为高大杂草，排挤本地植物或危害栽培植物，误食其种子危险，甚至导致死亡。

植株（张风娟 摄）　　果序（张风娟 摄）

50 火炬树

学名 *Rhus typhina* L.　**英文名** staghorn sumac　**分类地位** 漆树科

落叶小乔木。树皮灰褐色，小枝茂密。奇数羽状复叶，小叶披针形或长圆形，先端渐尖或尾尖，基部宽楔形，边缘有锯齿。圆锥花序顶生，花小，带绿色，密生短柔毛；萼片、花瓣、雄蕊均为5。核果球形，深红色，有毛。花期7-9月，果期9-10月。原产欧美，有意引进。河北省各地常见栽培。挤占本地植物生存空间；通过营养繁殖和化感作用，抑制邻近植物的生长，危害当地生物多样性。

果序（张风娟 摄）

植株（张风娟 摄）　种子（樊英鑫 摄）

51 凤仙花

学名 *Impatiens balsamina* L. **英文名** balsamine **分类地位** 凤仙花科

一年生草本。茎直立,肉质。叶互生,披针形,边缘有锐齿,叶柄两侧着生数枚腺体。花两性,单生或数朵簇生于叶腋,花大,下垂,粉红色或杂色,萼片3,花瓣3,旗瓣圆形,先端凹,有小尖头,翼瓣宽,雄蕊5。蒴果纺锤形。花期6—9月,果期9—10月。原产南亚至东南亚,有意引进。河北省各地常见栽培。无明显危害。

植株(张风娟 摄)

花(张风娟 摄)

果实(樊英鑫 摄)

52 苏丹凤仙花

学名 *Impatiens walleriana* Hook. f.　　**英文名** Zanzibar balsam　　**分类地位** 凤仙花科

多年生肉质草本。茎直立。叶互生或上部叶轮生，卵圆状披针形。花大，生于叶腋，单生或2-3花簇生，深红色、淡红色或白色，唇瓣较小，距细长向外弯曲，旗瓣倒卵状圆形，顶端微凹，翼瓣基部分裂成2个裂片。蒴果圆柱形或线状长圆形，或不形成蒴果。花期4-10月。原产东非，有意引进。河北省各地常见栽培。无明显危害。

植株（乔永明 摄）

植株（乔永明 摄）

53　五叶地锦

学名 *Parthenocissus quinquefolia* (L.) Planch.　　**英文名** virginia creeper　　**分类地位** 葡萄科

木质藤本。茎皮红褐色，幼枝淡红色，4棱。卷须总状，相隔2节间断与叶对生，卷须顶端嫩时尖细卷曲，后遇附着物扩大成吸盘。叶为掌状5小叶。圆锥状多歧聚伞花序，与叶对生，花萼碟形，花瓣5，雄蕊5。果实球形，成熟时蓝黑色。花期6–7月，果期8–10月。原产北美洲，有意引进。河北省各地常见栽培。对园林植物、经济作物带来负面影响，对生物多样性有潜在威胁。

果实（张风娟 摄）

花序（张风娟 摄）　　植株（张风娟 摄）

54 苘 麻

学名 *Abutilon theophrasti* Medicus　　**英文名** china jute　　**分类地位** 锦葵科

一年生亚灌木状直立草本。茎枝绿色，被柔毛。叶互生，圆心形，两面密被星状柔毛，托叶早落。花单生于叶腋，或有时组成近总状花序，被柔毛，花萼杯状，密被短绒毛，裂片5，花黄色，花瓣倒卵形，雄蕊柱平滑无毛，心皮15–20，轮状排列，密被软毛。蒴果半球形。花期7–8月，果期9月。原产印度，有意引进。河北省各地均有分布。危害作物、草坪，影响景观。

植株（张风娟 摄） 　　果实（张风娟 摄）

果实（张风娟 摄）　　种子（樊英鑫 摄）

55 野西瓜苗

学名 *Hibiscus trionum* L.　　**英文名** flower of an hour　　**分类地位** 锦葵科

一年生草本。茎柔软，被白色星状粗毛。叶二型，下部的叶圆形，上部的叶掌状3–5深裂，裂片倒卵形至狭长圆形，通常羽状裂，上面疏被粗硬毛或无毛，下面疏被星状粗刺毛。花单生于叶腋，被星状粗硬毛，小苞片12，线形，花萼钟形，淡绿色，被粗长硬毛或星状粗长硬毛，裂片5，膜质，三角形，具紫色纵向条纹，中部以上合生，花冠淡黄色，内面中央紫色，花瓣5，雄蕊柱长约5mm，花药黄色，花柱5裂，无毛。蒴果。花期6–8月，果期8–10月。原产非洲，无意引进。河北省各地均有分布。常见农家杂草，与农作物竞争水源和养分，导致农作物减产。

花萼（张风娟 摄）

植株（张风娟 摄）　　种子（樊英鑫 摄）

56 刺果瓜

学名 *Sicyos angulatus* L.
英文名 star cucumber, wall burcucumber, nimble kate　　**分类地位** 葫芦科

一年生草本。茎具纵向排列的棱槽，散生硬毛，在叶着生处毛尤多。叶圆形或卵圆形，有3-5角或裂，裂片三角形；叶基深缺刻，叶缘具锯齿，叶柄长，有柔毛。雌雄同株，雄花排列成总状花序或头状花序，花托具柔毛，花萼5，花冠白色至淡黄绿色，裂片5；雌花较小，聚成头状，无柄。果实3-20簇生，长卵圆形，顶端尖，其上密布长刚毛，不开裂，内有1枚种子。花期5-10，果期6-11月。原产北美洲东部，有意引进。河北省各地均有分布。生长迅速，传播能力强，会严重破坏当地的生态环境和生物多样性。

花（樊英鑫 摄）

果实（樊英鑫 摄）

植株（樊英鑫 摄）

果实和种子（樊英鑫 摄）

57 倒挂金钟

学名 *Fuchsia hybrida* Hort. ex Sieb. et Voss.
英文名 fuchsia, lady's eardrops   **分类地位** 柳叶菜科

多年生亚灌木。茎多分枝。叶对生，卵形，边缘具锯齿或齿突，叶柄常带红色，被短柔毛与腺毛。花两性，1-3花生于茎枝顶叶腋，下垂，花萼桶状，花筒红色，花萼裂片开放时反折，花瓣4，颜色多种，宽倒卵形，先端微凹，雄蕊8，花丝红色，花药紫红色，伸出花瓣外，子房下位，疏被柔毛与腺毛，花柱红色，柱头褐色，顶端4浅裂。果紫红色。花期6-9月。原产中南美洲，有意引进。河北省各地多有栽培。无明显危害。

植株（张风娟 摄）　　　　　花（张风娟 摄）

58 山桃草

学名 *Gaura lindheimeri* (Engelm. & A. Gray) W. L. Wagner & Hoch
英文名 peach grass   **分类地位** 柳叶菜科

多年生粗壮草本。茎直立，常多分枝，入秋变红色。叶互生，无柄，椭圆状披针形，先端渐尖，基部渐狭，边缘具波状齿，两面被近贴生的柔毛。花序长穗状，顶生或腋生，直立，萼裂片4，淡粉红色，被伸展的长柔毛，花开放时反折，花瓣白色，后变粉红色，倒卵形或椭圆形，花药带红色，花柱近基部有毛，柱头深4裂。蒴果坚果状。花期5–8月，果期8–9月。原产北美洲，有意引进。河北省各地多有栽培。环境杂草，可能影响生物多样性和生态环境。

花（孙李光 摄）

植株（孙李光 摄）

59 小花山桃草

学名 *Gaura parviflora* Dougl.
英文名 lizard-tail, small-flowered gaura
分类地位 柳叶菜科

一年生草本，全株密被灰白色长毛与腺毛。茎基生叶宽倒披针形，茎生叶窄椭圆形或菱状卵形，基部下延至柄。穗状花序，有时少分枝，生茎枝顶端，常下垂；花萼筒带红色，裂片反折；花瓣白色，后红色，倒卵形，具爪；柱头4深裂。果纺锤形。花期7—8月，果期8—9月。原产美国，有意引进。河北省各地多有栽培。入侵农田和果园导致其减产，入侵铁路、公路等，排斥其他草本植物。

植株（唐宏亮 摄）　　　　花序（孙李光 摄）

60 月见草

学名 *Oenothera biennis* L.　　**英文名** beach evening primrose　　**分类地位** 柳叶菜科

二年生直立草本。基生莲座叶丛紧贴地面，被曲柔毛与伸展长毛。基生叶倒披针形，茎生叶椭圆形或倒披针形。穗状花序，不分枝，或在主序下面具次级侧生花序；苞片叶状，宿存；萼片长圆状披针形，先端尾状，自基部反折，又在中部上翻，花瓣黄色，稀淡黄色，宽倒卵形，雄蕊8，子房圆柱状，具4棱。蒴果锥状圆柱形。花期6–9月，8–10月种子成熟。原产北美洲，有意引进。河北省各地多有栽培，常逸为野生。环境杂草，有时入侵农田。

花（张风娟 摄）

植株（张风娟 摄）　　种子（樊英鑫 摄）

61 粉花月见草

学名 *Oenothera rosea* L'Hér. ex Ait.
英文名 limpia evening primrose　　**分类地位** 柳叶菜科

多年生草本。主根粗大。茎常丛生，多分枝，被曲柔毛。基生叶倒披针形，叶柄淡紫红色，开花时基生叶枯萎，茎生叶灰绿色，边缘具齿突，两面被曲柔毛。花单生于茎、枝顶部叶腋，早晨开放，萼片绿色，带红色，开花时反折，花瓣粉红色至紫红色，花丝白色至淡紫红色，花药粉红色至黄色，长圆状线形，花柱白色，柱头红色。蒴果棒状。花期4–11月，果期9–12月。原产美国得克萨斯州至墨西哥，有意引进。河北省各地多有栽培，野外有逸生。繁殖能力强，具有较大的危害性。

植株（张风娟 摄）

62　橙红茑萝

学名 *Ipomoea coccinea* (L.) Moench　　**英文名** scarlet creeper　　**分类地位** 旋花科

一年生草本。茎缠绕。叶心形，骤尖，全缘，叶脉掌状。聚伞花序腋生，具3–6花，总花梗细弱，有2苞片，萼片5，不相等，花冠高脚碟状，橙红色，喉部带黄色，花冠管细长，冠檐5深裂，雄蕊5，显露于花冠之外，花药小，雌蕊稍长于雄蕊，子房4室，每室1胚珠；花柱丝状，柱头2裂。蒴果。花期6–8月，果期8–10月。原产南美洲，有意引进。河北省东部、南部地区常见栽培观赏。庭院常栽培，具有极大的入侵潜力，对相邻植物有危害性。

植株（孙李光 摄）　　花（孙李光 摄）

63 牵 牛

学名 *Ipomoea nil* (L.) Roth　　**英文名** morning glory　　**分类地位** 旋花科

一年生草本。茎上被短柔毛或开展的长硬毛。叶宽卵形或近圆形，深或浅的3裂，稀5裂，基部圆心形，中裂片长圆形或卵圆形，渐尖或骤尖，侧裂片较短，三角形，叶面或疏或密被微硬的柔毛，叶柄被毛。花腋生，单一或通常2花着生于花序梗顶，苞片2，萼片5，外面被开展的刚毛，花冠漏斗状，蓝紫色或紫红色，雄蕊5，柱头头状。蒴果近球形。花期6—9月，果期7—10月。原产热带美洲，有意引进。河北省各地常见栽培观赏，常见野外逸生。适应性强，对农作物有一定的危害。

叶和花（张风娟 摄）

植株（张风娟 摄）

64 圆叶牵牛

学名 *Ipomoea purpurea* (L.) Roth　　**英文名** common morning glory　　**分类地位** 旋花科

一年生草本。茎缠绕，全株被倒向的短柔毛和稍开展的长硬毛。叶圆心形或宽卵状心形，基部圆，心形，通常全缘，两面被刚伏毛。花腋生，单一或数朵着生于花序梗顶端成伞形聚伞花序，萼片5，花冠漏斗状，紫红色、红色或白色，花冠筒通常白色，雄蕊5，子房3室，每室2胚珠，花柱稍长于雄蕊。蒴果近球形。花期6–9月，果期9–10月。原产热带美洲，有意引进。河北省各地常见野外逸生。庭院常见杂草，有时危害草坪和灌木。

果实（张风娟 摄）

植株（张风娟 摄）　　花（张风娟 摄）

65 聚合草

学名 *Symphytum officinale* L.　　**英文名** comfrey, comphrey　　**分类地位** 紫草科

多年生草本，全株被稍向下弧曲的硬毛及短伏毛。根发达，主根粗壮，淡紫褐色。茎数条，多分枝。基生叶具长柄，稍肉质，先端渐尖，茎中部及上部叶较小，基部下延，无柄。花序具多花，花萼裂至近基部，花冠淡紫色、紫红色或黄白色。小坚果斜卵圆形。花期6-10月。原产中亚、俄罗斯、欧洲，有意引进。河北唐山有栽培观赏。入侵性不强，为有毒植物。

植株（张风娟 摄）　　花序（张风娟 摄）

66 罗 勒

学名 *Ocimum basilicum* L.　　**英文名** sweet basil herb　　**分类地位** 唇形科

　　一年生或多年生草本，有香气。茎直立，钝四棱形，多分枝，常带紫色。叶卵圆形至卵圆状长圆形，下面有腺点，叶柄近于扁平。总状花序顶生于茎、枝上，各部均被柔毛，由多数具6花的交互对生的轮伞花序组成，花萼钟形，萼齿5，呈二唇形，上唇3齿，中齿最宽大，下唇2齿，果时花萼宿存，增大，花冠淡紫色，或上唇白色、下唇紫红色，伸出花萼，冠檐二唇形，雄蕊4，分离，花柱先端2浅裂，花盘平顶，具4齿。小坚果。花期通常7–9月，果期9–12月。原产非洲、美洲、热带亚洲，有意引进。河北省各地常见栽培观赏，有逸为野生。危害程度较轻。

植株（张风娟 摄）

67 朱 唇

学名 *Salvia coccinea* Buc'hoz ex Etl.　　**英文名** herb of texas sage　　**分类地位** 唇形科

一年生或多年生草本。茎直立，四棱形，被开展的长硬毛及向下弯的灰白色疏柔毛，单一或多分枝。叶卵圆形或三角状卵圆形，叶面被灰色的短绒毛。轮伞花序4至多花，疏离，组成顶生总状花序，苞片卵圆形，先端尾状渐尖，基部圆形，边缘具长缘毛，花萼筒状钟形，外被短疏柔毛并混生浅黄色腺点，二唇形，上唇卵圆形，全缘，先端具小尖头，下唇与上唇近等长，深裂成2齿，齿卵状三角形，先端锐尖，花冠深红色，外被短柔毛，冠檐二唇形，能育雄蕊2，花柱先端2裂。小坚果。花期6-8月。原产美洲，有意引进。河北省各地常见栽培观赏，有逸为野生。无明显危害。

花序（樊英鑫 摄）

68 一串红

学名 *Salvia splendens* Ker-Gawl.　　**英文名** scarlet sage　　**分类地位** 唇形科

亚灌木状草本。茎无毛，钝四棱形，具浅槽。叶卵圆形或三角状卵圆形，边缘具锯齿，两面无毛，下面具腺点，叶柄长3–4.5cm，无毛。轮伞花序2–6花，组成顶生总状花序，苞片卵圆形，红色，早落，花萼钟形，红色，二唇形，上唇三角状卵圆形，下唇比上唇略长，深2裂，裂片三角形，花冠红色，花冠筒筒状，直伸，冠檐二唇形，下唇比上唇短，3裂；能育雄蕊2，着生于花冠喉部，花柱先端不相等2裂，前裂片较长，花盘等大。小坚果椭圆形。花期3–10月。原产南美洲，有意引进。河北省各地常见栽培观赏。无明显危害。

植株（樊英鑫 摄）

69 彩苞鼠尾草

学名 *Salvia viridis* L.　英文名 painted sage　分类地位 唇形科

一年生草本。叶对生，椭圆形，先端钝尖，基部钝，有香味。总状花序，花梗具毛，花蓝紫色，唇瓣浅粉色，花序梗上部有纸质苞片。坚果有深色条纹。花、果期夏季。原产地中海地区，有意引进。河北省各地常见栽培观赏。无明显危害。

花（张风娟 摄）

70 碧冬茄

学名 *Petunia hybrida* Vilm.
英文名 garden petunia, common garden petunia　　**分类地位** 茄科

一年生草本，植株被腺毛。叶卵形，全缘，具短柄或近无柄。花单生于叶腋，花萼5深裂，果时宿存，花冠白色或紫堇色，具条纹，漏斗状，5浅裂，雄蕊5，4长1短；花柱稍长于雄蕊。蒴果圆锥状。花期7–9月。来源不详，有意引进。河北省各地常见栽培观赏。无明显危害。

植株和花（张风娟 摄）

71 曼陀罗

学名 *Datura stramonium* L.　　英文名 jimsonweed　　分类地位 茄科

草本或亚灌木状草本。茎粗壮，下部木质化。叶宽卵形，先端渐尖，基部不对称楔形，叶缘具不规则波状浅裂，裂片具短尖头。花单生于枝杈间或叶腋，花萼筒状，具5棱，基部稍肿大，裂片三角形，花后自近基部断裂，宿存部分增大并反折，花冠漏斗状，下部淡绿色，上部白色或淡紫色，子房密生柔针毛。蒴果被坚硬针刺或无刺，淡黄色，规则4瓣裂。花期6–10月，果期7–11月。原产墨西哥，有意引进。河北省各地均有分布。常见杂草，影响景观，对牲畜和人有毒。

果实（张风娟 摄）

植株（张风娟 摄）　　花（张风娟 摄）

72 假酸浆

学名 *Nicandra physalodes* (L.) Gaertn.
英文名 apple of peru，shooflyplant　　**分类地位** 茄科

一年生草本。茎直立，无毛，有棱条。叶互生，卵形或椭圆形，先端尖或短渐尖，基部楔形，叶缘具粗齿或浅裂。花单生于叶腋，俯垂；花萼钟状，5深裂至近基部，裂片宽卵形，先端尖锐，基部心脏状箭形，具2尖锐耳片，果时增大成5棱状，宿存，花冠钟状，淡蓝色，冠檐5浅裂，裂片宽短，雄蕊5，子房3–5室，胚珠多数。浆果球形，黄色或褐色，为宿存花萼包被。花、果期夏秋季。原产南美洲，有意引进。河北省东部、南部地区有分布。旱地、宅边杂草之一，影响景观。

植株（张风娟 摄）　　花（张风娟 摄）

73 苦蘵

学名 *Physalis angulata* L.　　**英文名** cutleaf groundcherry　　**分类地位** 茄科

一年生草本，被疏短柔毛或近无毛。茎多分枝，分枝纤细。叶卵形至卵状椭圆形，顶端渐尖或急尖，基部阔楔形或楔形，全缘或有不明显的稀疏牙齿，两面近无毛。花单个腋生，花萼5中裂，花冠淡黄色，喉部常有紫色斑纹，花药蓝紫色或有时黄色。浆果球形。花、果期7–10月。原产南美洲，无意引进。河北省东部、南部地区有分布。旱地、宅边杂草之一，危害玉米、棉花和大豆等作物。

植株（张风娟 摄）

花（张风娟 摄）　　果萼（张风娟 摄）

74 黄花刺茄

学名 *Solanum rostratum* Dunal.　　**英文名** buffalobur nightshade　　**分类地位** 茄科

一年生草本。茎直立或斜升，基部稍木质化，密被长短不等带黄色的刺，并有带柄的星状毛。叶互生，卵形或椭圆形，不规则羽状深裂及部分裂片又羽状裂，上表面疏被分叉星状毛，背面密被分叉星状毛，两面脉上疏具刺。蝎尾状聚伞花序腋外生，花萼筒钟形，密被刺和星状毛，萼裂片5，线状披针形，密被星状毛，花冠黄色，辐射状，5裂，花瓣外密被星状毛，雄蕊5，花药黄色。浆果球形。花期6–9月，果期7–10月。原产北美洲，无意引进。河北张家口有分布。影响入侵地生物多样性，对牲畜和人有毒。

植株（樊英鑫 摄）

花（张风娟 摄）　　多刺的萼片包被果实（张风娟 摄）

75 毛地黄

学名 *Digitalis purpurea* L.
英文名 foxglove, digitalis, purple foxglove, lady's glove **分类地位** 车前科

一年生或多年生草本。除花冠外，全株被灰白色短柔毛和腺毛，有时茎上几无毛，茎单生或分枝。基生叶多数呈莲座状，叶卵形或长椭圆形，叶柄具狭翅，下部的茎生叶与基生叶同形，向上渐小，叶柄短直至无柄。总状花序偏向一侧，花萼钟状，果期略增大，5深裂几达基部；花冠紫红色，内面具斑点，先端被白色柔毛。蒴果卵形。花期5–6月。原产欧洲，有意引进。河北省各地常见栽培观赏。无明显危害。

植株（乔永明 摄）　　　　花序（乔永明 摄）

76 阿拉伯婆婆纳

学名 *Veronica persica* Poir.
英文名 persian speedweed，iran speedwell　　**分类地位** 车前科

铺散多分枝草本。茎密生柔毛。叶在茎基部对生，上部互生，卵形或卵状长圆形，基部浅心形，两面疏生柔毛。花单生于苞腋，苞片互生，与叶同形且几等大；花萼4深裂，花冠淡蓝色，雄蕊2，短于花冠。蒴果2深裂，倒扁心形。花期3–5月。原产西亚、欧洲，无意引进。河北省各地均有分布。夏熟作物田重要杂草，对麦类等作物造成严重危害，是黄瓜花叶病毒、蚜虫等微生物和害虫的寄主。

花（张风娟 摄）

植株（张风娟 摄）

77 蓍

学名 *Achillea millefolium* L.　　**英文名** common yarrow　　**分类地位** 菊科

多年生草本，具细的匍匐根茎。茎直立，通常被白色长柔毛，上部分枝或不分枝，中部以上叶腋常有缩短的不育枝。叶互生，无柄，披针形、矩圆状披针形至条形，二至三回羽状全裂，上面密生凹入的腺体，下面生较密的贴伏长柔毛。头状花序多数，密集成复伞房状，总苞片3层，覆瓦状排列，背中间绿色，边缘膜质，棕色或淡黄色，边缘花5朵，舌片近圆形，白色、粉红色或淡紫红色，顶端2–3齿，盘花两性，管状，黄色，5齿裂，外面具腺点。瘦果，无冠毛。花、果期7–9月。原产北半球温带地区，有意引进。河北省各地常见栽培观赏。无明显危害。

植株（张风娟 摄）　　花序（张风娟 摄）

78 藿香蓟

学名 *Ageratum conyzoides* L.　　**英文名** tropic ageratum　　**分类地位** 菊科

一年生草本，无明显主根。茎不分枝或者自基部或自中部以上分枝，茎枝淡红色，或上部绿色，被白色尘状短柔毛或上部被稠密的长绒毛。叶对生，腋生小枝上的叶渐小或小，全部叶基部钝或宽楔形，基出三脉或不明显五出脉，两面被白色稀疏的短柔毛且有黄色腺点。头状花序4–18个在茎顶排成通常紧密的伞房状花序，少有排成松散伞房花序，总苞钟状或半球形，总苞片2层，花冠长檐部5裂，淡紫色。瘦果黑褐色，5棱。花、果期全年。原产中南美洲，有意引进。河北秦皇岛、唐山、张家口、承德等多地有分布。区域性恶性杂草，影响作物生长，造成减产，破坏生物多样性。

植株（孙李光 摄）　　花序（孙李光 摄）

79 豚草

学名 *Ambrosia artemisiifolia* L.
英文名 common ragweed, bitterweed, blackweed, hay-fever weed　　**分类地位** 菊科

一年生草本。茎上部有圆锥状分枝，有棱，被糙毛。下部叶对生，具短叶柄，二回羽状分裂，被短糙毛，上部叶互生，无柄，羽状分裂。头状花序单性花，雄头状花序居多，在枝端密集成总状花序，花托具刚毛状托片，小花花冠淡黄色，雄蕊5，雌花头状花序无梗，在雄头状花序下面或在下部叶腋单生，或2–3簇生，花柱2深裂，伸出总苞的嘴部。瘦果倒卵形，褐色。花期8–9月，果期9–10月。原产北美洲，无意引进。河北秦皇岛、唐山、保定、廊坊、衡水等多地有分布。人类花粉病的主要病原，威胁农业生产的恶性杂草。

雄花序枝（张凤娟 摄）

植株（张凤娟 摄）

可育雌花（樊英鑫 摄）

80 三裂叶豚草

学名 *Ambrosia trifida* L.　　**英文名** giant ragweed　　**分类地位** 菊科

一年生粗壮草本。不分枝或上部分枝。叶对生，有时互生，下部叶3–5裂，上部叶3裂或有时不裂，边缘有锐锯齿，有三基出脉，两面被短糙伏毛。雄头状花序多数，下垂，在枝端密集成总状花序，每个头状花序有20–25不育的小花，小花黄色，花冠钟形，上端5裂，外面有5紫色条纹，花柱不分裂，顶端膨大成画笔状，雌头状花序在雄头状花序下面上部的叶状苞叶的腋部聚作团伞状，具一个无被能育的雌花，花柱2深裂。瘦果倒卵形。花期8月，果期9–10月。原产北美洲，无意引进。河北廊坊、秦皇岛有分布。降低入侵地生物多样性，入侵农田后影响作物产量，其花粉、表皮毛可引起人体过敏、哮喘等病症。

植株（张风娟 摄）　　叶（张风娟 摄）

81 金盏菊

学名 *Calendula officinalis* L.　　**英文名** pot marigold　　**分类地位** 菊科

一年生草本，全株被柔毛。茎常自基部分枝，绿色。基生叶长圆状倒卵形或匙形，全缘或具疏细齿，茎生叶长圆状披针形或长圆状倒卵形，基部多少抱茎，无柄。头状花序单生于茎枝顶端，总苞片2层，背面有软刺毛，小花黄色或橙黄色，舌状花通常3层，舌片先端3浅裂，管状花多数，檐部具三角状披针形裂片。瘦果全部弯曲，淡黄色或淡褐色，外面常具小针刺，两侧具翅。花期4–9月，果期6–10月。原产欧洲，有意引进。河北省各地均有栽培观赏。危害较小。

花序（张风娟 摄）

植株（张风娟 摄）

瘦果（樊英鑫 摄）

82 钻叶紫菀

学名 *Symphyotrichum subulatum* Michx. **英文名** annual saltmarsh aster **分类地位** 菊科

　　一年生草本。茎直立，无毛，有条棱，上部略分枝。基生叶倒披针形，花后凋落，茎中部叶线状披针形，主脉明显，上部叶渐狭窄，全缘，无柄，无毛。头状花序多数在茎顶端排成圆锥状；总苞钟状，总苞片3–4层，舌状花舌片细狭，淡红色，管状花多数，花冠短于冠毛。瘦果有5条纵棱，冠毛淡褐色。花、果期9–11月。原产北美洲，无意引进。河北秦皇岛、唐山、保定有分布。秋收作物和水稻田常见杂草。

植株（樊英鑫 摄）　　　　　　　　花序（樊英鑫 摄）

83 婆婆针

学名 Bidens bipinnata L.　　**英文名** spanish needles，beggar-ticks　　**分类地位** 菊科

一年生草本。茎直立，下部略呈四棱。叶对生，二回羽状分裂，第一次分裂深达中肋，裂片再次羽状分裂，小裂片三角状或菱状披针形，具1–2对缺刻或深裂，顶生裂片狭，先端渐尖，两面被疏柔毛。头状花序，总苞杯形，基部有柔毛，外层苞片5–7，条形，内层苞片膜质，舌状花通常1–3朵，不育，舌片黄色，先端全缘或具2–3齿，管状花黄色，冠檐5齿裂。瘦果条形，具瘤状突起及小刚毛，顶端芒刺3–4枚，很少2枚者，具倒刺毛。花期8–9月，果期9–10月。原产美洲，有意引进。河北省各地均有分布。恶性杂草，常形成优势群落，破坏当地生物多样性。

花序（张风娟 摄）

植株（张风娟 摄）

果序（张风娟 摄）

84 大狼杷草

学名 *Bidens frondosa* L.　　**英文名** devil's beggarticks　　**分类地位** 菊科

一年生草本。茎直立，略呈四棱形，上部多分枝，常带紫色。叶对生，一回羽状复叶，小叶3–5，披针形，先端渐尖，边缘具粗锯齿，叶背面具稀疏短毛。头状花序单生于茎端和枝端，总苞半球形，外层苞片通常7–12，叶状，边缘有纤毛，内层苞片长圆形，膜质，具淡黄色边缘，无舌状花或极不明显，管状花两性，花柱2裂。瘦果扁平，顶端芒刺2枚，有倒刺毛。苗期4–5月，花、果期7–10月。原产北美洲，无意引进。河北省各地均有分布。入侵农田，造成农作物减产。

花序（张风娟 摄）

植株（张风娟 摄）　　果实（樊英鑫 摄）

85 剑叶金鸡菊

学名 *Coreopsis lanceolata* L.　　**英文名** lance coreopsis　　**分类地位** 菊科

多年生草本，有纺锤状根。茎直立，上部分枝。茎基部叶成对簇生，有长柄，叶匙形或线状倒披针形，基部楔形，顶端钝或圆形，茎上部叶少数，全缘或3深裂，裂片长圆形或线状披针形，顶裂片较大，叶柄基部膨大，有缘毛，上部叶无柄，线形或线状披针形。头状花序在茎顶单生，总苞片内外层近等长，舌状花黄色，舌片倒卵形或楔形，管状花黄色，狭钟形。瘦果顶端有2短鳞片。花期5-9月。原产北美洲，有意引进。河北省各地常见栽培观赏。杂草，影响园林景观和森林恢复。

花序（张凤娟 摄）

植株（张凤娟 摄）

86 秋 英

学名 *Cosmos bipinnatus* Cav.　　**英文名** cosmos　　**分类地位** 菊科

　　一年生或多年生草本。根纺锤形，多须根。茎上部多分枝。叶二回羽状深裂，裂片线形或丝状线形。头状花序单生于枝端；总苞半球形，总苞片2层，外层8片，披针形或线状披针形，先端长渐尖；内层8片，椭圆状卵形，边缘膜质；舌状花紫红色、粉红色或白色；管状花多数，黄色，有披针状裂片。瘦果黑紫色，上端具喙。花期6–8月，果期9–10月。原产墨西哥，有意引进。河北省各地多有栽培。逸生为杂草，影响园林景观和森林恢复。

花序（张凤娟 摄）

植株（张凤娟 摄）

果序（樊英鑫 摄）

87 黄秋英

学名 *Cosmos sulphureus* Cav.　　**英文名** ladybird sorter　　**分类地位** 菊科

一年生草本。茎多分枝，具条棱，被疏柔毛。叶对生，二回羽状复叶，深裂，两面无毛。头状花序单生于枝端，总苞半球形，2层，外层总苞片卵状披针形，先端渐尖，基部连合；内层总苞片长椭圆状卵形，边缘膜质；边缘花舌状，颜色多为黄色、金黄色、橙色，先端具3齿，不育；管状花黄色，两性，能育。瘦果，粗糙有毛，顶端喙端具2~4芒，芒有倒刺。花期7—10月。原产墨西哥、巴西，有意引进。河北省各地常见栽培。逸生为杂草，影响园林景观和森林恢复。

花序（张风娟 摄）

植株（张风娟 摄）

88 一年蓬

学名 *Erigeron annuus* (L.) Pers.　**英文名** daisy fleabane, annual fleabane　**分类地位** 菊科

一年生或二年生草本。茎下部被长硬毛，上部被上弯短硬毛。叶互生，基生叶长圆形或宽卵形，基部窄成具翅的叶柄，具粗齿，下部茎生叶叶柄较短，中部和上部叶较小，具短柄或无柄，最上部叶线形，叶边缘被硬毛。头状花序排成疏圆锥花序，总苞半球形，总苞片3层，披针形，背面密被腺毛和疏长毛，外围舌状花2层，雌性，白色或淡天蓝色，线形，中央管状花两性，黄色，檐近倒锥形。瘦果披针形，冠毛异形。花期6–9月。原产北美洲，无意引进。河北省各地均有分布。恶性杂草，影响生物多样性。

花序（张风娟 摄）

植株（张风娟 摄）

89 香丝草

学名 *Erigeron bonariensis* L.
英文名 linifolius conyza，conyza bonariensis　　**分类地位** 菊科

一年生或二年生草本。茎中部以上常分枝，常有不育的侧枝，密被贴伏短毛。叶密集，下部叶具粗齿或羽状浅裂，中部和上部叶狭披针形，中部叶具齿，两面均密被贴伏糙毛。头状花序多数，总苞椭圆状卵形，总苞片2-3层，背面密被灰白色短糙毛，外层稍短或短于内层之半，雌花多层，白色，花冠细管状，两性花淡黄色，花冠管状，上端具5齿裂。瘦果。花期5-10月。原产南美洲，无意引进。河北省各地均有分布。阻碍路边交通，影响农作物生长，为重要杂草。

成熟果序（张风娟 摄）

植株（张风娟 摄）

90　小蓬草

学名 *Erigeron canadensis* L.　　**英文名** horseweed，Canadian fleabane　　**分类地位** 菊科

一年生草本。茎被长硬毛，上部多分枝。叶密集，基部叶花期常枯萎，下部叶倒披针形，中部和上部叶较小，线状披针形或线形，全缘或具1–2齿，两面及边缘常被硬缘毛。头状花序多数，排列成顶生多分枝的大圆锥花序，总苞片2–3层，背面被疏毛，边缘干膜质，雌花多数，舌状，白色，两性花淡黄色，花冠管状。瘦果线状披针形，冠毛污白色。花期5–9月。原产北美洲，无意引进。河北省各地均有分布。对秋收作物、果园和茶园危害重，影响农作物产量。

花序（张风娟 摄）

植株（张风娟 摄）

91　黄顶菊

学名 *Flaveria bidentis* (L.) O. Kuntze　　**英文名** coastal plain yellowtops　　**分类地位** 菊科

一年生草本。叶交互对生，基出三脉。头状花序于主枝或分枝顶端密集成蝎尾状聚伞花序；总苞长圆形，具棱，黄绿色；总苞片3，偶为4，舌状花花冠短，黄白色，舌片不突出或微突出于闭合小苞片外，管状花黄色。瘦果无冠毛。花、果期8–10月。原产南美洲，无意引进。河北衡水、石家庄、保定、邯郸、邢台均有分布。适应性强，使生物多样性降低和农作物产量下降。

花序（张风娟 摄）

植株（张风娟 摄）

92 天人菊

学名 *Gaillardia pulchella* Foug.
英文名 fire-wheel，Indian blanket，Indian blanketflower，rose-ring blanket-flower，rose-ring gaillardia，sundance　**分类地位** 菊科

一年生草本。茎中部以上多分枝，被短柔毛或锈色毛。下部叶匙形或倒披针形，上部叶长椭圆形、倒披针形或匙形，基部无柄或心形半抱茎，叶两面被伏毛。头状花序，总苞片披针形，背面有腺点，基部密被长柔毛，舌状花黄色，基部带红紫色，顶端2–3裂，管状花裂片三角形，顶端渐尖成芒状，被节毛。瘦果有冠毛。花、果期6–8月。原产美洲，有意引进。河北省各地常见栽培观赏。对经济和生态影响较小。

植株（张风娟 摄）　　　　　花序（孙李光 摄）

93 牛膝菊

学名 *Galinsoga parviflora* Cav.
英文名 smallflower galinsoga，gallant-soldier　　**分类地位** 菊科

一年生草本。茎纤细，全部茎枝被贴伏短柔毛和少量腺毛，茎基部和中部花期脱毛或稀毛。叶对生，卵形或长椭圆状卵形，叶缘具锯齿，叶被白色稀疏贴伏短柔毛，叶脉基出3–5脉。头状花序半球形，多数在茎枝顶端排成疏松的伞房花序，总苞片1–2层，白色，膜质，舌状花白色，顶端3齿裂，外面被稠密白色短柔毛，管状花黄色，下部被稠密白色短柔毛，纸质。瘦果。花、果期7–10月。原产南美洲，无意引进。河北省各地均有分布。危害秋收作物、蔬菜等。

花序（张凤娟 摄）

植株（张凤娟 摄）

94 粗毛牛膝菊

学名 *Galinsoga quadriradiata* Ruiz et Pav.
英文名 hairy galinsoga，shaggy soldier　　**分类地位** 菊科

一年生草本。茎纤细，主茎节间短，茎密被开展的长柔毛，茎顶和花序轴被少量腺毛。叶对生，基出三脉或不明显五脉，叶两面被长柔毛，边缘有粗齿或犬齿。头状花序半球形，在茎枝顶端排成疏松的伞房花序，总苞片2层，外层苞片绿色，背面密被腺毛，内层苞片近膜质，舌状花5，雌性，舌片白色，顶端3齿裂，管状花黄色，两性，顶端5齿裂，冠毛短于花冠筒，托片膜质，披针形，边缘具纤毛。瘦果被白色微毛。花期5–10月。原产墨西哥，无意引进。河北省各地均有分布。危害秋收作物、蔬菜等，影响城市绿化和生物多样性。

叶（樊英鑫 摄）

花序（樊英鑫 摄）

植株（张风娟 摄）

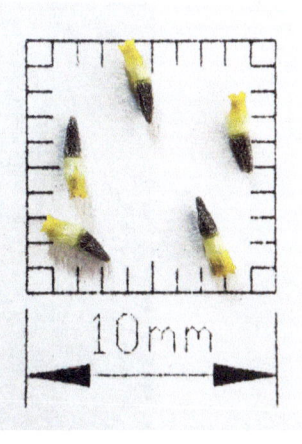

管状花瘦果（樊英鑫 摄）

95 蒿子杆

学名 *Glebionis carinata* (Schousb.) Tzvelev
英文名 painted daisy, tricolor chrysanthemum, ismelia carina'ta　　**分类地位** 菊科

　　一年生或二年生草本。茎直立。中下部茎生叶倒卵形至长椭圆形，二回羽状分裂、一回深裂或几全裂，侧裂片3–8对；二回为深裂或浅裂。头状花序通常数个生茎枝顶端；总苞片4层，边缘花舌状，黄色。舌状花瘦果有3条宽翅肋，管状花瘦果两侧压扁，有2条突起的肋，余肋稍明显。花期5–6月。原产地中海地区，有意引进。河北省各地常见栽培。逸生后为农田、路边杂草。

植株（张风娟 摄）

96 菊芋

学名 *Helianthus tuberosus* L.　　**英文名** Jerusalem artichoke，girasole　　**分类地位** 菊科

多年生草本，有块茎及纤维状根。茎直立，有分枝，被白色短糙毛或刚毛。叶通常对生，但上部叶互生；下部叶卵圆形或卵状椭圆形，离基三出脉，上面被白色短粗毛，下面被柔毛；上部叶长椭圆形至宽披针形，基部渐狭，下延成短翅状。头状花序较大，在枝端呈伞房状，总苞半球形，总苞片多层，披针形，舌状花黄色，管状花花冠黄色。瘦果小，被柔毛，上端有2–4个具毛的锥状扁芒。花期8–9月。原产北美洲，有意引进。河北省各地常见栽培。逸生后为路边杂草，影响景观和生物多样性。

植株（张风娟 摄）

花序（张风娟 摄）

果序（樊英鑫 摄）

97 野莴苣

学名 *Lactuca serriola* L.　　英文名 wild lettuce　　分类地位 菊科

二年生草本。茎单生，直立，基部带紫红色，有白色硬刺或无白色硬刺，上部圆锥花序状或总状圆锥花序状分枝，全部茎枝黄白色。基部或下部茎叶披针形或长披针形，通常边缘全缘，中上部茎叶渐小，边缘全缘，全部叶基部箭头形，下面沿中脉常有淡黄色的刺毛。头状花序多数，在茎枝顶端排列成圆锥花序或总状圆锥花序，总苞片5层，外层总苞片或全部总苞片或中内层总苞片有时紫红色，舌状小花黄色。瘦果，冠毛白色。花、果期6–8月。原产地中海地区，无意引进。河北省各地均有分布。全株有毒。降低生物多样性。

植株（张风娟 摄）

叶（张风娟 摄）

果实（樊英鑫 摄）

98 滨 菊

学名 *Leucanthemum vulgare* Lam.　**英文名** oxeye daisy　**分类地位** 菊科

多年生草本。茎直立，通常不分枝，被绒毛或卷毛或无毛。基生叶基部楔形，茎中下部叶长椭圆形、线状长椭圆形或倒卵形，叶基耳状或近耳状扩大半抱茎；全部叶两面无毛，腺点不明显。头状花序单生于茎顶，或茎生2-5个头状花序，排成疏松伞房状；舌状花白色，管状花黄色。瘦果。花、果期5-10月。原产欧洲，有意引进。河北省各地均有栽培。逸生为杂草，影响生物多样性。

植株（张风娟 摄）

99 欧洲千里光

学名 *Senecio vulgaris* L.　　**英文名** common groundsel　　**分类地位** 菊科

一年生草本。茎直立。叶无柄，羽状浅裂至深裂；侧生裂片3-4对，常具不规则齿，下部叶基部渐狭成柄；中部叶基部扩大半抱茎，上部叶较小，线形，具齿。头状花序无舌状花，少数至多数，排列成顶生密集伞房花序，总苞钟状，管状花多数，花冠黄色，檐部漏斗状。瘦果，冠毛白色。花期4-10月。原产欧洲，无意引进。河北省各地均有分布。有毒杂草，主要危害夏收作物（麦类和油菜）、果园、茶园和草坪。

植株（张风娟 摄）

100 续断菊

学名 *Sonchus asper* (L.) Hill　　**英文名** prickly sowthistle　　**分类地位** 菊科

一年生草本。茎直立，中空，茎枝无毛或上部及花序梗被腺毛。基生叶与茎生叶同，较小，茎生叶卵状长椭圆形，不分裂或缺刻状半裂或羽状裂，裂片边缘有尖齿刺，刺较长而硬，基部有扩大的圆耳，下部叶有翅。头状花序多数，组成伞房花序，总苞片绿色，草质，背面无毛，舌状小花黄色。瘦果褐色，两面各有3条细纵肋，冠毛白色。花、果期5–10月。原产欧洲、地中海沿岸，可能经丝绸之路传入。河北省各地均有分布。影响生物多样性。

幼苗（张风娟 摄）

植株（张风娟 摄）

瘦果（樊英鑫 摄）

101 百日菊

学名 *Zinnia elegans* Jacq.　　**英文名** zinnias　　**分类地位** 菊科

一年生草本。茎被糙毛或硬毛。叶基部稍心形抱茎，全缘，两面粗糙，下面密被糙毛，基出三脉。头状花序单生于枝端，总苞宽钟状，总苞片多层，边缘黑色，托片上端附片紫红色，流苏状三角形，舌状花深红色、玫瑰色、紫堇色或白色，舌片先端2–3齿裂或全缘，管状花黄色或橙色，顶端裂片卵状披针形，上面被黄褐色密茸毛。雌花瘦果倒卵圆形，被密毛，管状花瘦果倒卵状楔形，被疏毛，顶端有短齿。花期6–9月，果期7–10月。原产墨西哥，有意引进。河北省各地常见栽培。无明显危害。

花序（张风娟 摄）

植株（张风娟 摄）　　管状花瘦果（樊英鑫 摄）

102 梁子菜

学名 *Erechtites hieraciifolius* (Linnaeus) Rafinesque ex Candolle
英文名 odor eupatorium **分类地位** 菊科

一年生草本。茎单生，直立。叶无柄具翅，两面无毛或有短柔毛，边缘具不规则的粗齿，羽状脉。头状花序多数，总苞筒状，淡黄色至褐绿色，基部有数枚线形小苞片，小花多数，全部管状，淡绿色或带红色，外围小花1–2层，雌性，中央小花花冠细管状，顶端5齿裂。瘦果圆柱形，冠毛白色。花、果期6–10月。原产墨西哥，无意引进。河北唐山、秦皇岛有分布。常侵入农田，危害较轻。

植株（樊英鑫 摄） 　　花序枝（樊英鑫 摄）

103 凤眼莲

学名 *Eichhornia crassipes* (Mart.) Solms　　**英文名** water hyacinth　　**分类地位** 雨久花科

多年生浮水草本。须根发达。茎极短，具长匍匐枝。叶基生，莲座状排列，先端钝圆或微尖，基部宽楔形或幼时浅心形，全缘，具弧形脉，质厚，叶柄长短不等，叶柄中部膨大成囊状或纺锤形，内有气室，基部有鞘状苞片。花葶从叶柄基部的鞘状苞片腋内伸出，穗状花序常具7–12花，花被片基部合生成短筒，近基部有腺毛，裂片6，花瓣状，紫蓝色，花冠近两侧对称，上方1裂片较大，四周淡紫红色，中间蓝色的中央有1黄斑，雄蕊6，子房上位，中轴胎座，胚珠多数，花柱1，柱头密生腺毛。蒴果。花期7–10月，果期8–11月。原产巴西，有意引进。河北唐山、秦皇岛有分布。堵塞河道，影响航运、排灌和水产养殖，破坏水生生态环境，威胁本地生物多样性。

花（孙李光 摄）

植株（孙李光 摄）

104 野燕麦

学名 *Avena fatua* L. **英文名** wild oat **分类地位** 禾本科

一年生或二年生草本。秆2–4节，叶舌透明膜质，叶片微粗糙。圆锥花序开展，小穗具2–3小花；小穗柄下垂，小穗轴密生淡棕色或白色硬毛，节易断落；颖草质，常9脉，外稃质地坚硬，第一外稃背面中部以下具淡棕色或白色硬毛，芒自稃体中部稍下处伸出，第二外稃和第一外稃约等长，有芒。颖果被淡棕色柔毛。花、果期4–9月。原产欧洲南部、地中海沿岸，无意引进。河北省北部地区有分布。农田恶性杂草，严重危害麦田使之减产，同时种子大量混杂于作物产品中，降低作物产品的品质。

植株（张凤娟 摄）

花序（樊英鑫 摄）

小穗（樊英鑫 摄）

105 扁穗雀麦

学名 *Bromus catharticus* Vahl.　　**英文名** rescue brome，rescue grass　　**分类地位** 禾本科

一年生草本。秆直立，无毛。叶鞘闭合，被柔毛或无毛；叶舌膜质，具缺刻；叶扁平，散生柔毛。圆锥花序开展，疏松，每节具1–3分枝，顶端具1–3小穗，小穗两侧极压扁，具6–12小花；颖披针形，具膜质边缘，脊具微刺毛，第一颖具7脉，第二颖具9脉，外稃9–11脉，沿脉粗糙，先端具芒尖，基盘钝圆，无毛，内稃窄小，长约为外稃的1/2，两脊生纤毛，雄蕊3。颖果顶端具毛茸。花、果期5–9月。原产南美洲，有意引进。河北省各地均有分布。农田、路边、草地杂草，也是某些农作物病虫害的宿主。

植株（张风娟 摄）　　花序（张风娟 摄）

106 野牛草

学名 *Buchloe dactyloides* (Nutt.) Engelm.　　**英文名** buffalo grass　　**分类地位** 禾本科

多年生草本。植株纤细，雌雄同株或异株。地面具横走的匍匐枝。叶鞘紧密包裹茎秆，疏生柔毛；叶舌短小，具细柔毛，叶线形，粗糙，两面疏生白柔毛。雄花序2–3，草黄色，雌花序常呈头状。花期6–7月。原产美国、墨西哥，有意引进。河北省各地均有分布。农场、草场和草坪杂草。

雄株（孙李光 摄）

雄花序（孙李光 摄）

雌株（孙李光 摄）

雌株上部（孙李光 摄）

107 芒颖大麦草

学名 *Hordeum jubatum* L.　英文名 foxtail barley　分类地位 禾本科

二年生草本。秆丛生，具3–5节。上部叶鞘无毛，下部叶鞘常被微毛，叶舌干膜质，截平，叶扁平，粗糙。穗状花序柔软，绿色或稍带紫色，穗轴成熟时易逐节断落，棱边具短硬纤毛，小穗3枚生于每节，两侧者各具长约1mm的柄，其小花通常退化为芒状，稀为雄性，中间无柄小穗的颖细而弯，外稃披针形，具5脉，先端具长达7cm的细芒，内稃与外稃等长。花、果期5–8月。原产北美洲及欧亚大陆的寒温带，有意引进。河北省北部地区有分布。农田、路边和草场杂草。

花序（张风娟 摄）

植株（张风娟 摄）

第三章

河北省重要外来入侵植物的预防与控制技术

1 石茅（假高粱）

（1）监测与检测

石茅种子小而轻，常随进口粮食和牧草种子传入或随风雨及人兽携带而广泛传播（廖飞勇等，2015；王建书，2005），因此要严格加强植物检疫。可通过形态识别和对其颖果进行显微结构解剖进行快速准确的鉴定。对于已发生地区，通过实时全球定位系统（global positioning system，GPS）定位记录石茅疫情情况，并在相应的区域设定监测点，监测疫情等级及扩散情况。

（2）预防与控制技术

1）物理防治。

对于敏感作物田间或零星发生的石茅，需要人工连根挖除，挖出的根茎及植株集中烧毁，防止传播，且挖除后要定期复查。田间也可进行伏耕和秋耕，在高温或低温干旱下杀死地下根茎。在灌溉地区亦可采用暂时积水的办法，降低其生长和繁殖。对混杂在粮食作物、苜蓿和豆类种子中的石茅种子，可使用风车、选种机等工具剔除干净，以免随种子调运传播（徐海根和强胜，2018；廖飞勇等，2015；方世凯等，2009；马玉萍等，2006）。

2）化学防治。

对石茅地上茎叶防除有效的除草剂为草甘膦、草铵膦、甲嘧磺隆、高效氟吡甲禾灵和敌草快；对石茅地下根状茎有防除作用的除草剂为草甘膦、高效氟吡甲禾灵和甲嘧磺隆，其中以甲嘧磺隆对石茅的防除持效时间最长，可达60天。操作时可将30%的草甘膦200–300mL/亩[①]与0.8%的高效氟吡甲禾灵100–200mL/亩进行复配，传导效果好，可通过叶面传导到地下根系。石茅处抽穗、开花或结实阶段喷雾时，应首先割除其花序部分，收集并带出农田统一销毁，尽量避免振落成熟种子，防止种子传播（周文豪等，2021；王辉等，2020）。

3）生物防治。

利用微生物控制石茅。用高粱生平脐蠕孢（*Bipolaris sorghicola*）的孢子溶液加表面活性剂喷施于石茅幼苗，可取得较好的控制效果。此外，应用放线菌科的链霉菌（*Streptomyces* sp.）发酵液对石茅籽实和幼苗进行处理，具有良好的防

---

① 1亩≈666.67m²

治效果（徐海根和强胜，2018；王建书等，1999）。

4）植物替代防除。

发生面积和种群密度较大，比较集中，靠近公路，且能协调园林、公路管理部门联动时，可选择植物替代防除方法。在石茅发生地种植乔木或灌木，干扰和破坏石茅生长环境，逐步遏制石茅生长。旱田可采取轮作方式处理，如与萝卜、甘蓝、花菜等十字花科作物轮作（周文豪等，2021）。

2　毒麦

（1）监测与检测

毒麦主要是通过混杂在麦种里随种子调运而扩散，因此需严格执行检疫制度，加强对麦种的检疫，从而杜绝毒麦在调运过程中的扩散传播（张吉昌等，2015）。检测过程中，可根据其形态特征及颖果显微组织细胞结构的解剖进行区分辨认，也可通过分子生物学手段进行快速鉴定。

（2）预防与控制技术

1）物理防治。

发生早期，一旦发现毒麦苗植株就及时拔除。发生后期可根据毒麦抽穗后穗部形态与小麦穗型差异显著和成熟期较小麦迟的特点，在毒麦抽穗至灌浆期开展大面积麦田拔除工作，拔除后植株需带出田外集中烧毁（周淑华，1996）。小麦收获后及时翻耕麦茬，可以把土壤表面的毒麦种子翻到土壤下面，使之当年发芽，过冬冻死（郑爱珍和王启明，2004；周靖华等，2007）。

2）化学防治。

于小麦播后芽前施用绿麦隆、阿畏达和异丙隆，对毒麦具有较好防除效果；3叶期采用禾草灵喷雾，可达理想的防除和保产效果，并对小麦安全（何文章，2000；杨新军等，2003；张吉昌等，2015）。

3）农业防治。

发生过毒麦的麦茬地，可与其他作物如玉米、高粱、甜菜、大豆、蚕豆、豌豆、薯类等轮作2年以上，并结合中耕除草消灭毒麦（周靖华等，2007）；在稻麦两熟区可实行水旱轮作，利用水稻生长期浸水浸泡，使落入土中的毒麦种子丧失萌发能力，降低毒麦田间发生量（张吉昌等，2015）。

3 少花蒺藜草

（1）监测与检测

少花蒺藜草的传播体是刺苞或种子，一般通过农产品和牲畜的贸易、交通工具进行远距离传播，通过人畜活动、粪便、水流和风进行近距离传播。首先，应加强草场、农田、果园、林地及公路和铁路沿线等场所的监测；其次，应对调运的植物、植物产品和牲畜进行检查，查看是否黏附少花蒺藜草的刺苞，防止其扩散蔓延（周全来等，2021；孙忠林等，2020；张福胜和姚影，2018；王巍和韩志松，2005）。

（2）预防与控制技术

1）物理防治。

少花蒺藜草在4–5叶期之前，根系尚浅，可人工连根铲除或拔除，带出田间晒干烧毁，防止其繁殖蔓延。在少花蒺藜草孕穗期可采用人工或机械方法低位刈割，防治效果明显。此外，深耕也能够在一定程度上降低少花蒺藜草的发芽率（曲智，2021；王巍和韩志松，2005）。

2）化学防治。

目前针对少花蒺藜草的化学防治已筛选出的效果较好的药剂包括精喹禾灵、烟嘧磺隆、烯禾啶、咪唑乙烟酸、异丙甲草胺、莠去津等。根据少花蒺藜草发生生境的不同，应选取适合的药剂进行防除。例如，玉米田里，在玉米播后苗前，少花蒺藜草还未出苗或在幼苗期，可选用莠去津均匀喷雾；玉米生长中后期，可选烟嘧磺隆或硝磺克酮进行行间定向喷雾，杀灭残存的少花蒺藜草。阔叶作物田里，在少花蒺藜草3–5叶期，可选用精喹禾灵均匀喷雾（张福胜和姚影，2018）。

3）生物防治。

梨孢属真菌*Pyricularia pennisetigena*可侵染少花蒺藜草，导致叶枯病，对其防控可起到一定的作用（孙忠林等，2020）。

4）生态控制。

达乌里胡枝子（*Lespedeza davurica*）、紫苜蓿（*Medicago sativa*）、向日葵（*Helianthus annuus*）、菊芋（*Helianthus tuberosus*）、沙打旺（*Astragalus adsurgens*）、小冠花（*Coronilla varia*）、沙生冰草（*Agropyron desertorum*）、黑麦草（*Lolium perenne*）、羊草（*Leymus chinensis*）、马唐（*Digitaria sanguinalis*）和

披碱草（*Elymus dahuricus*）等对于抑制少花蒺藜草生长发育和颖果结实均有显著成效，对少花蒺藜草可起到很好的控制作用（张福胜和姚影，2018；王坤芳等，2017）。

4　野燕麦

（1）监测与检测

野燕麦主要是以种子随风或水进行传播，还可随小麦种子调运、串换等进行远距离传播（高联义等，1997），因此需对调运的小麦种子进行严格的产地检疫和调运检疫，以免混带野燕麦种子而传播到新区，同时需要在野燕麦发生区建立监测点，监测其发生扩散动态，从而阻断、杜绝和控制其进一步传播蔓延。

（2）预防与控制技术

1）物理防治。

在野燕麦3叶期至拔节期可采用中耕除草结合人工拔除的方法铲除野燕麦（赵威等，2017；高联义等，1997）。

2）化学防治。

可使用40%野麦畏乳油进行土壤处理，也可使用骠马乳油、噁唑灵乳油、禾草克乳油、燕麦灵乳油和野燕枯可溶性粉剂等于苗期进行叶面喷洒施药，可取得较好的防效（董兴龙等，2020；郭峰等，2012）。

3）农业防治。

对野燕麦发生严重的地块可采取休耕措施，也可种植大豆、油菜、豌豆等作物进行轮作，或利用作物可以适当晚播的特性，使野燕麦种子先萌发，通过浅耕来灭除当年生野燕麦（高联义等，1997）。

4）生物防治。

研究表明，燕麦镰刀菌产生的毒素具有开发成为防除野燕麦生物源除草剂的潜力。当毒素浓度达到5mg/mL时，其对野燕麦种子的萌发抑制效果达77.54%（庄新亚等，2020）。

5　凤眼莲

（1）监测与检测

凤眼莲的繁殖能力极强，兼有性与无性两种繁殖方式，以无性繁殖为主。凤眼莲可在绝大多数淡水水域通过营养繁殖迅速扩散（吴丹等，2001），其植株残茎可随农产品、果蔬、苗木等运输或随水流进行远距离传播，因此应严格检查调运的植物和植物产品（主要为水生植物）中是否携带凤眼莲根、茎，有无黏附凤眼莲种子，检验过往船只是否携带凤眼莲的根、茎和种子，对发生凤眼莲的湖泊、水库等水域进行长期监测，防止其进一步扩散。

（2）预防与控制技术

1）物理防治。

通过人工或机械（如水上割草机）对凤眼莲进行打捞处理，该方法具有对环境安全、见效快的优点。此外，凤眼莲的扩散运移与水动力等条件有关，可在其运移过程中实施连续拦截，引导其分散至指定部位，再进行集中销毁（郑为键，2005；陈雪宇和周春东，2003；吴丹等，2001）。

2）化学防治。

对凤眼莲的化学防治，目前常用的药剂有草甘膦和Bioforce水剂。喷药时应注意尽量使药液黏附在凤眼莲茎叶上，避免直接喷到水面上而导致鱼类等水生生物死亡及污染水源（常志州和郑建初，2008）。

3）生物防治。

在晚春或初夏，最低气温稳定回升到13℃以上时，可释放水葫芦象甲（*Neochetina eichhorniae*）进行防控，随着天敌种群数量的增加，凤眼莲可得到长久稳定的控制（金樑等，2005；丁建清等，1999；刘嘉麒等，1996）。

4）综合防治。

凤眼莲防治方法需因地制宜，如水闸前的凤眼莲或河道变向较快的河流凸岸或有较大障碍物的河流凹岸，因密度较大，所处位置水动力较微弱，可采用物理防治如打捞后运走；干流上的凤眼莲，在水流、船舶、风等作用下漂流，密度相对较小，分布面积较广，采用物理防治费时费力，可采用生物防治或综合防治方法（金樑等，2005；吴丹等，2001）。

6 黄顶菊

（1）监测与检测

黄顶菊的种子可随车轮、气流、水流、鸟类取食及人们的衣物传播（高贤明等，2004）。因此，可通过形态识别在黄顶菊发生的地方建立监测点，及时掌握黄顶菊的发生动态，对废弃的厂矿、工地和河边、沟渠边、道路两旁等可能发生的区域定期进行细致排查，发现疫情，及时采取措施（任艳萍等，2008）。同时，还要对来自疫区的种子、货物等进行严格的检疫，避免其进一步扩散（齐英，2020；芦站根等，2007）。

（2）预防与控制技术

1）物理防治。

人工拔除是对黄顶菊进行防治的最有效方法之一（芦站根和周文杰，2006）。4–8月是黄顶菊营养生长期，也是铲除黄顶菊的最佳时期（王青秀等，2008）。铲除植株后，还要耕翻晒根，焚烧根茬。在玉米田可采用麦秸覆盖控制黄顶菊出苗（时翠平等，2011；贾艳辉，2009；张秀红等，2006）。

2）化学防治。

在荒地、道路两侧等生境，可以选用草甘膦、克阔乐、氯氟吡氧乙酸、氨氯吡啶酸等除草剂，对黄顶菊植株进行均匀喷雾，防效可达87.33%–100%。此外，乙草胺、志信安、金胺尔和乙莠水等药剂对黄顶菊种子萌发有很好的抑制作用（申洪利等，2012；时翠平等，2011；王青秀等，2008；李香菊等，2006）。

3）生物防治。

自然条件下植食性昆虫叶甲、蜡类、潜叶蝇、甜菜白带野螟、斜纹夜蛾和其他一些鳞翅目幼虫取食黄顶菊后可造成其叶片缺刻、斑点、卷曲和皱缩等多种受害症状，对黄顶菊具有一定的控制作用（杜喜翠等，2011）。寄生植物日本菟丝子，通过寄生可以和黄顶菊争夺营养，导致黄顶菊植株生长不良，矮化，黄化，进而导致其不能正常开花结实甚至枯萎死亡（魏子上等，2016）。此外，一些病原微生物，如细极链格孢（*Alterneria tenuissima*）、刺盘孢（*Colletotrichum* sp.）和瓜单丝壳（*Podosphaera xanthii*）对黄顶菊的致病性很强，具有控制黄顶菊危害的潜力（孙现超等，2011）。

4）植物替代防治。

高丹草、墨西哥玉米、甜高粱、油葵、紫苜蓿和欧洲菊苣等出苗快，生长速度快，能够迅速实现地面覆盖，对黄顶菊的抑制率可达95%以上。可根据生境条件和经济需求选种一种或多种植物对黄顶菊入侵地块进行替代控制（韩建华等，2020）。

7　刺苍耳

（1）监测与检测

刺苍耳靠种子繁殖，结实量大，且总苞表面密被倒钩刺，极易通过附着在人类和动物体表，或夹杂在干草和货物中实现快速广泛的散播（徐海根和强胜，2018；裴会明，2015），因此应加强对运输车辆及农产品特别是种子和动物皮毛的检疫力度，杜绝反复多次传入。

（2）预防与控制技术

1）物理防治。

刺苍耳在植株生长初期，生长速度较为缓慢，在还未形成刺之前进行机械铲除最为安全和有效。防除过的地方需要进行多年追踪调查和铲除（郝晓云等，2018；宋珍珍等，2012）。

2）化学防治。

可采用使它隆乳油或灭草松水剂等化学药剂进行喷雾防治。

8　三叶鬼针草

（1）监测与检测

三叶鬼针草瘦果冠毛芒状具倒刺，不仅易附着于人畜和货物进行传播，还可通过农产品调运及交通工具进行传播（徐海根和强胜，2018），因此可根据其种子形态特征对来自疫区的种子、牲畜等农产品及经过疫区的交通工具进行严格检疫，对其主要生境如农田、旷野、山坡和路边等进行监测，防止其进一步扩散蔓延。

（2）预防与控制技术

1）物理防治。

在花期前进行机械或人工除草。对于已经形成优势群落的入侵区域需要多次、持久地进行人工防除（宣红燕，2016）。

2）化学防治。

防治三叶鬼针草的化学药剂主要有特丁噻草隆、丁草胺、乙草胺、精异丙甲草胺、恶草酮、乙氧氟草醚和氟磺胺草醚等。防治农作物中的三叶鬼针草，可将100–200倍液的增效剂与乙草胺联用，控制效果良好；控制空旷生境中的三叶鬼针草可选用甲磺隆或草甘膦等灭生性化学除草剂（尚春琼和朱珣之，2019；王琳等，2000）。

3）生物防治。

研究表明，南方菟丝子（*Cuscuta australis*）寄生三叶鬼针草34天后可显著抑制三叶鬼针草的生长（张静等，2012）。此外，一些植物源活性物质也可控制三叶鬼针草，如藿香蓟（*Ageratum conyzoides*）地上部挥发油及渣液对三叶鬼针草幼苗生长具有显著抑制作用，大车前（*Plantago major*）的甲醇提取物可抑制三叶鬼针草种子萌发（Abd El-Gawad et al.，2015）。

9 一年蓬

（1）监测与检测

一年蓬种子具冠毛，可随风传播。此外，大范围收割和运输对于一年蓬植物种子的扩散也十分有利，因此可通过形态识别对疫区进行严格监管，对疫区向外调运的种子等农产品进行严格检疫，防止一年蓬种子因收割或运输扩散到其他地方（范建军等，2020；徐海根等，2004a）。

（2）预防与控制技术

1）物理防治。

在一年蓬开花前且入侵植株不多的情况下，可采取人工拔除的方式。对正处于结实期的一年蓬植株，应先剪去其果实，用袋子包好，避免一年蓬大量种子落粒，再采取人工拔除的方式。此外，在低海拔地区，可通过不同时期的翻耕，将一年蓬种子深埋，减少一年蓬的危害。在高海拔地区，刈割能够推迟一年蓬的物候性，阻碍一年蓬的繁殖生长（林娟等，2012；芦站根等，2007）。

2）化学防治。

针对不同入侵生境和不同的作物类型，防除一年蓬要采用不同的除草剂，如当一年蓬入侵密度比较大时，使用恶草灵、乙氧氟草醚、草甘膦等除草剂能够很好地控制路边、荒废地区和潮湿林地中的一年蓬；麦田中应选用百草敌或氯磺隆等药剂进行茎叶喷雾防治；棉田可用乙草胺、地乐胺、绿麦隆、扑草净等药剂在播种前或播后苗前进行土壤处理；禾本科牧场可用二甲四氯、百草敌等药剂在杂草苗期喷雾防治；豆科牧场可用氟乐灵、地乐胺在出苗前或收割后处理土壤，也可用苯达松等药剂进行茎叶处理（林娟等，2012；田家怡等，2004）。

10　小蓬草

（1）监测与检测

小蓬草能产生大量种子，可随风扩散，或漂在水上随水流传播，还可以黏附在动物羽毛或毛皮上传播，传播能力强，对农作物有着极大危险。因此应对其加强监测和检疫力度，防止其进一步传播蔓延或侵入浅水湿地，影响生态平衡。

（2）预防与控制技术

1）物理防治。

在开花前人工拔除、沤肥或烧毁。

2）化学防治。

研究表明，20%草铵膦水剂对大龄小蓬草有较好的防除效果，杀草速度快、死亡彻底，药后24h不受降雨影响（吴储章等，2018）。此外，二甲四氯、苯达松、秀百宫、划坪宁也可有效防除小蓬草（田家怡等，2004）。

11　垂序商陆

（1）监测与检测

垂序商陆主要通过引种和种子被食果动物，特别是鸟类散布而进行扩散（徐海根和强胜，2018），因此可根据其形态和种子特征对其主要生境类型进行监测，防止其通过上述途径扩散。

（2）预防与控制技术

1）植物检疫。

严格执行检疫措施，严禁引种种植，防止其传播蔓延。

2）物理防治。

在结果前人工挖除或刈割，进行沤肥或烧毁。

3）农业防治。

利用轮作、合理耕翻、合理倒茬、施用腐熟肥料及清洁田间、田园等措施防止垂序商陆在农田中定植和为害；利用农具或使用黑色地膜覆盖等防除农田中已定植的垂序商陆。

4)化学防治。

对垂序商陆的化学防治可采用10%草甘膦水剂（13.5–18.0L/hm²）进行防除（田家怡等，2004），一般控效可持续2年，而且需要持续施药才能保持控效。

5)生态防治。

有研究表明，紫穗槐发育良好的刺槐林下，垂序商陆的密度和盖度通常较低，不足以构成危害。因此，如果垂序商陆入侵地为林地，则可在入侵区域林下种植紫穗槐从而持续控制垂序商陆，既节约了控制成本，又可提高防护林的防护作用（付俊鹏等，2012）。

12 刺苋

（1）监测与检测

刺苋主要随农作等人类活动通过种子进行扩散传播（徐海根和强胜，2018），因此可根据其形态和种子特征对农田、宅旁、路边等生境进行监测和检测，防止其进一步扩散为害。

（2）预防与控制技术

1)物理防治。

在结果前对其进行拔除，拔除后植株沤肥或烧毁。

2)农业防治。

在作物播种前要精选种子，防止刺苋种子随作物种子被播种；采用轮作、合理耕翻、合理倒茬和施用腐熟肥料及清洁田园等措施防止刺苋在农田中定植和为害。

3)化学防治。

对于刺苋的化学防治，可采用的药剂品种较多，如乙草胺、甲草胺、地乐胺、氟乐灵、草甘膦、百草敌、苯达松、克阔乐等（Grichar，1994）。根据其生境类型及作物种类的不同可选用合适的药剂进行防除。例如，对于撒播不覆土的蔬菜田，可在播种前2–3天用50%乙草胺乳油0.5–0.8L/hm²、48%甲草胺（拉索）乳油1.1–1.5L/hm²、72%异丙甲草胺乳油1.1–1.5L/hm²，兑水450–750kg/hm²喷雾地表，也可用地乐胺、氟乐灵等药剂处理；对于荒地或其他休闲地等，可用10%草甘膦水剂13.5–18.0L/hm²防除（田家怡等，2004）。

13 大狼杷草

(1) 监测与检测

大狼杷草主要通过瘦果芒刺上的倒刺毛钩于牲畜体毛进行传播，还可通过农产品调运及交通工具进行传播，因此可根据其种子形态特征对疫区牲畜及经过疫区的交通工具进行监测，还可根据其植株特征对其主要生境类型进行监测。

(2) 预防与控制技术

1) 物理防治。

在开花前人工拔除，拔除后植株沤肥或烧毁。

2) 农业防治。

在作物播种前要精选良种，防止大狼杷草种子随作物种子传播；用农具清除或覆盖除草。

3) 化学防治。

对于果园、地头、沟渠、路旁、休闲地等发生的大狼杷草，采用10%草甘膦水剂13.5–18.5L/hm^{2}进行防除；棉田中，在播种前、播后苗前或移栽前后用50%利谷隆可湿性粉剂3000–5250g/hm^{2}或50%扑草净可湿性粉剂2250–3000g/hm^{2}来处理土壤，也可用草甘膦对茎叶进行定向喷雾；豆类作物田中，可用50%利谷隆可湿性粉剂1.5–4.5kg/hm^2、50%广灭灵乳油2250–2550mL/hm^2、5%普施特水剂1500–1950mL/hm^{2}等于播种前或播后苗前进行土壤处理；其他作物田可酌情用药，或用灭生性除草剂定向喷雾（田家怡等，2004）。

14 反枝苋

(1) 监测与检测

根据其形态对农田、路边及荒地等生境进行监测，根据其种子特征对所引种作物种子进行检测，防止其随人工引种和农产品运输进行传播扩散。

(2) 预防与控制技术

1) 物理防治。

抓准时机，根据不同作物及作物的生长状况对农田中的反枝苋进行人工防除，如在玉米田，清除反枝苋的关键时期是在玉米达到7叶期之前，而在大豆田，则应在大豆3叶期之前清除。

2）农业防治。

田间不同类型的作物轮作，高棵中耕作物与矮棵密播作物轮作，并在作物生育期适时中耕除草3–4次。对于免耕地块中的反枝苋，适当地保留农作物残渣可以在一定程度上降低在作物出苗期反枝苋的相对密度。

3）化学防治。

化学防治是防除反枝苋危害的主要措施。要做到尽早防治、合理防治，切勿过度及持续使用农药。

针对不同的作物，防除反枝苋要采用不同的除草剂，如在大豆种植地施用乙羧氟草醚乳油或三氟羧草醚水剂，在玉米4叶1心期前喷施乙草胺乳油，在小麦田施用阔叶枯粉剂或苯达松等，都可以取得良好效果。此外，精喹禾灵25g/hm^{2}混配乙羧氟草醚25–30g/hm^2，对4叶1心期的反枝苋可进行有效防除；磺草酮400g/hm^{2}混配莠去津800–900g/hm^2，可防除4叶期的反枝苋（韩德新等，2016；焦健等，2016）。

15　藿香蓟

（1）监测与检测

藿香蓟主要随贸易和人工引种，特别是观赏植物的引种进行传播，因此可根据其形态和种子特征对海关、港口等贸易货物进行监测和检测，加强检疫和管理，防止其逸为野生或进一步传播蔓延。

（2）预防与控制技术

1）物理防治。

人工拔除、沤肥或烧毁。

2）农业防治。

利用黑色地膜进行覆盖或在作物行间及果树周围用秸秆、青草、有机肥料等覆盖，覆盖厚度以不透光为宜。

3）化学防治。

对于藿香蓟的化学防治，可采用的药剂品种类较多，如草甘膦、敌草隆、利谷隆、绿麦隆、苯达松、除草通、地乐胺、毒草胺、异丙隆等。根据其生境类型及作物种类的不同需选用合适的药剂及用药方式来进行防除。例如，果园、菜地、茶园、路旁、休闲地等，可用10%草甘膦水剂定向除草；玉米田中可用25%

敌草隆、50%利谷隆或25%绿麦隆等可湿性粉剂在玉米播后苗前进行土壤处理；豆田中可用25%苯达松水剂、5%普施特水剂、5%豆草特水剂、25%氟磺胺草醚水剂等药剂苗后茎叶处理；百合科菜田中可用除草通、地乐胺、毒草胺、异丙隆在播后苗前进行土壤处理；其他菜田可参考用药，因蔬菜对药剂敏感程度不同，用药要慎重（田家怡等，2004）。

16　喜旱莲子草

（1）监测与检测

喜旱莲子草主要通过地上茎和地下茎的营养繁殖来扩张种群，具有极强的生命力和适应力。其植株残茎可随农产品、果蔬、苗木等运输或随水流进行远距离传播，因此可通过形态识别对疫区进行严格检疫，防止喜旱莲子草残体随上述物资的转运扩散到其他地方。

（2）预防与控制技术

1）物理防治。

对喜旱莲子草进行人工挖除、铲除或打捞，将全部茎叶集中晒干和焚烧。这种方法在喜旱莲子草入侵初期较为有效，对于已经形成优势群落的入侵区域需要多次、持久进行人工防除。在铲除或打捞过程中要防止喜旱莲子草根茎的破碎化，从而防止其破碎化的片段再次进行营养繁殖。未发生喜旱莲子草的地区要加强防范，防止其无性繁殖体入侵田园、草场或水域。

2）化学防治。

对喜旱莲子草的化学防治主要选用氯氟吡氧乙酸、草甘膦等除草剂。氯氟吡氧乙酸不仅对喜旱莲子草的根系有杀灭效果，而且对其地上部分茎叶的铲除速度很快，控制效果长久，一般用于防除稻田埂、荒地、果园或公园发生的喜旱莲子草。41%草甘膦水剂一般用于河道、池塘、沟渠边喜旱莲子草的防除，使用后对水体不会造成污染，对鱼虾等无毒。此外，20%二氯喹啉草酮油悬浮剂、48%三氯吡氧乙酸乳油、30%二氯吡啶酸水剂、20%氯氟吡氧乙酸乳油对喜旱莲子草的地上部分枝数和地下根茎再生分枝数均具有较高的抑制率，其中30%二氯吡啶酸水剂具有较好的持效性，对喜旱莲子草有较好的根除作用（吴田乡等，2019）。

3）生物防治。

利用天敌昆虫控制喜旱莲子草。莲草直胸跳甲（*Agasicles hygrophila*）是喜旱莲子草的专食性天敌。在喜旱莲子草初始种群密度为40株/m²的条件下，释放4对莲草直胸跳甲可达到最佳防治效果（宋振等，2018）。在喜旱莲子草入侵严重地区，通常每公顷释放天敌成虫30 000头，释放5-6月后防效可达85%以上，且持续性好。冬季最低温在6℃以下的区域，因天敌自然越冬受限，每年需进行人工越冬保育及田间助增释放（赵浩宇等，2020）。

利用致病微生物控制喜旱莲子草。目前已发现假隔链格孢（*Nimbya alternantherae*）、镰刀菌（*Fusarium* sp.）及链格孢（*Alternaria* sp.）等对喜旱莲子草均具有一定的生防潜力（周兵等，2010；庄义庆等，2009；聂亚锋等，2008；Pomella et al.，2007；Gelbert et al.，2005；Tan et al.，2002）。其中，从野生喜旱莲子草发病植株上分离筛选出高效致病菌莲子草假隔链格孢SF-193，其具有高度的寄主专化性，只对喜旱莲子草表现出强致病力，对其他植物均不致病，且SF-193菌液的毒性为微毒级，对人畜安全（陈志谊等，2007）。

天敌昆虫与致病微生物可协同控害。由于莲草直胸跳甲在夏季高温时种群常会崩溃，而莲子草假隔链格孢SF-193则在高温下暴发流行，因此可在早春至夏初释放莲草直胸跳甲，在盛夏施用莲子草假隔链格孢SF-193，从而实现天敌昆虫和微生物制剂的协同增效作用（万方浩等，2014）。

4）生态防治。

首先，通过物理方法去除河道岸边的喜旱莲子草，然后构建河道滨水带芦苇群，并由河岸两侧向河道中央方向依次构建水生植物群落。水生植物群落包括挺水植物带、浮叶植物带和沉水植物带。这是一种以立体植物替代控制水域喜旱莲子草生长的方法（何国富等，2011）。

17 三裂叶豚草

（1）监测与检测

三裂叶豚草在我国为局部地区性分布，主要以种子借助人为传播，因此在三裂叶豚草发生区，需通过种子形态识别对农产品、苗木、种子等进行严格的产地检疫和调运检疫，以免这些农用物资混带三裂叶豚草种子而传播到新区，阻断、杜绝和控制其进一步传播蔓延。同时，应加强对入境的各种交通工具（如列车、汽车、轮船等）和旅游者携带的行李及各种货物的检查和监测，防止无意带入三裂叶豚草种子。

（2）预防与控制技术

1）物理防治。

农田中的三裂叶豚草可通过秋耕和春耙进行清除，秋耕时把种子埋入土中10cm以下，种子即不能萌发；春季大量出苗时进行春耙，可消灭大部分三裂叶豚草幼苗。在一些零星发生、个体数量不大的新入侵地区，进行严格封锁，采用人工拔除或割除的方法可根除三裂叶豚草，防止其扩散蔓延。

2）替代控制。

三裂叶豚草具有沿交通要道扩散蔓延的特点，因此在交通沿线扩散前沿地带，种植具竞争力的紫穗槐或菊芋进行拦截，可阻止三裂叶豚草传播蔓延（孙备等，2008；Putnam and Defraak，1983）。此外，可用于三裂叶豚草替代控制的植物还有沙棘、绣球小冠花、草地早熟禾、紫苜蓿等（关广清等，1995）。

3）生物防治。

可用于防治三裂叶豚草的天敌有豚草卷蛾、豚草夜蛾和豚草条纹叶甲及一些病原真菌（陈红松等，2018；李宏科等，1999；McClay，1987）。病原真菌苍耳柄锈菌三裂叶豚草专化型（*Puccinia xanthii* f. sp. *ambrosiae-trifidae*）对三裂叶豚草具有较强的致病能力，已在辽宁和北京野外进行小规模应用，取得了较好的控制效果，并能在翌年继续流行传播（王晓青等，2012；Lv et al.，2004）。

4）化学防治。

对于无作物生长的路旁、河边湿地等区域的三裂叶豚草，可使用草甘膦均匀喷雾，防治时期应在5月中旬至6月中旬。待杂草全部死亡后，再喷施乙·莠悬乳剂封锁地面，可基本控制三裂叶豚草（赵文学等，2004）。此外，咪唑乙烟酸、草铵膦、西玛津、阿特拉津、扑草净、敌草快、草甘膦等除草剂对三裂叶豚草也有较好的防除效果。化学药剂要经常更替使用，避免长时间使用单一的药物防治。

18 土荆芥

（1）监测与检测

根据其形态对农田、路旁、田边、沟岸及荒地等生境进行监测，根据其种子特征对所引种作物种子及交通运输工具进行检测，防止其随人工引种和农产品运输进行传播扩散。

（2）预防与控制技术

1）物理防治。

人工拔除并沤肥或烧毁，以彻底消灭植株。

2）农业防治。

土荆芥对农作物具有较强的抑制作用，对于农田中的土荆芥要及时进行中耕，彻底铲除（丁莹等，2017）。

3）化学防治。

针对不同的作物，防除土荆芥要采用不同的除草剂，如麦田可用百草敌、氯磺隆等药剂喷雾处理；玉米田里于播后苗前用草净津、精异丙甲草胺、地乐胺、氟乐灵等进行土壤处理，也可用玉农乐、伴地乐等对茎叶进行喷雾处理；豆田等阔叶作物田里可用地乐胺、氟乐灵、乙草胺等药剂于播种前或播后苗前处理土壤；荒地、果园等可用草甘膦防除（田家怡等，2004）。

19　豚草

（1）监测与检测

可通过空气中花粉玻片沉降法，对各区域豚草发生与否、发生的程度进行长期监测；由于豚草在很多情况下是随农产品、苗木等的运输远距离传播的，因此通过种子形态识别对进口粮食及国内调运的种子、包装材料与运输工具等进行严格检疫是防止豚草扩散的有效途径（王建军等，2006）。

（2）预防与控制技术

1）物理防治。

早春时期采用机械耕作对豚草幼苗具有较好的防除效果。对于已经长成的植株，可以通过拔除或人工刈割进行控制，拔除或刈割后的植株残体集中烧毁或就地深埋。

2）替代控制。

通过种植替代植物紫穗槐（*Amorpha fruticosa*）、沙棘（*Hippophae rhamnoides*）、绣球小冠花（*Coronilla varia*）、草地早熟禾（*Poa pratensis*）、菊芋（*Helianthus tuberosus*）及无芒雀麦（*Bromus inermis*）等，增加环境胁迫，可有效控制豚草危害（陈红松等，2009；万方浩等，2005；关广清等，1995）。

3）生物防治。

释放豚草条纹叶甲、豚草卷蛾、豚草夜蛾、豚草实蝇和豚草蓟马等天敌昆虫，对豚草可达到不同程度的控制作用。其中，根据豚草卷蛾和豚草条纹叶甲对豚草的不同取食特性，将两种天敌联合释放，可有效控制豚草的危害蔓延，促进本土其他植物的生长。土壤中豚草的种子也可被某些生物取食或侵染，从而减少翌年发生基数（周忠实等，2015；万方浩等，1993）。

4）化学防治。

对豚草的化学防除以辛酰溴苯腈乳油效果最佳，其次是草甘膦水剂或二甲四氯钠盐粉剂。在豚草植株较高大时，使用二甲四氯钠盐应适当增加用药量。待豚草茎叶全部死亡后，还可再喷施乙·莠悬乳剂封锁地面，可保整个生长季节基本控制豚草危害。此外，咪唑乙烟酸、草铵膦、苯达松、乳氟禾草灵、氟磺胺草醚、乙氧氟草醚、三氯吡氧乙酸、氯氟吡氧乙酸等除草剂对豚草也有较好的防除效果。

5）不同生境中豚草的综合防治。

农作物田：化学防除+人工拔除+机械耕作；道路两侧或河边湿润地：化学防除+生物防治+植物替代；荒地：化学防除或生物防治+植物替代；庭院或景观场所：人工铲除+植物替代+化学防除；豚草大面积分布区域：化学防除+植物替代+生物防治；不适宜使用化学防除的区域：人工铲除+生物防治。

20 圆叶牵牛

（1）监测与检测

圆叶牵牛主要由种子进行扩散传播，因此可根据其形态和种子特征对农田、宅旁、路边等生境进行监测和检测，防止其进一步扩散为害。

（2）预防与控制技术

1）物理防治。

人工拔除、沤肥或烧毁。在作物田可使用黑色地膜覆盖除草。

2）农业防治。

轮作、合理耕翻、合理倒茬、施用腐熟肥料及清洁田园。

3）化学防治。

根据其生境类型及作物种类的不同需选用合适的药剂及用药方式进行防

除。例如，菜田中可在播种前2-3天用乙草胺乳油、甲草胺（拉索）乳油或精异丙甲草胺乳油兑水喷雾地表土壤；也可用苯达松液剂、克阔乐乳油等药剂进行茎叶处理。果园、休闲地等可用草甘膦水剂防除。在作物田亦可用草甘膦水剂进行定向喷雾防除；其他作物田可酌情用药（田家怡等，2004）。

21 长芒苋

（1）监测与检测

由于长芒苋种子随进境的粮谷、种子、饲料及运输工具、包装物入侵的风险极高，海关应加强对进境粮谷的检验检疫，对来自疫区的大豆、玉米、小麦、大麦等作物加大抽样比例，对货物的接卸、运输、加工等全过程实施重点监管（车晋滇，2008）。同时，加强实验室的检测，根据其形态和种子特征对长芒苋种子进行准确鉴定，对检出携带有长芒苋种子的粮谷进行有效的除害、防控处理，严防疫情扩散。在口岸、进境粮库、进境粮食加工厂及运输粮食的铁路、公路两边开展长芒苋的监测工作（林玲等，2015）。

（2）预防与控制技术

1）物理防治。

在幼苗期至植株结实期前进行人工或机械铲除。

2）化学防治。

对野外种群可在长芒苋2-3叶期，选用灭草松水剂、克阔乐乳油或草甘膦等除草剂进行茎叶喷雾处理（徐海根和强胜，2018）。

22 钻叶紫菀

（1）监测与检测

根据其形态对农田、路边、低洼地及荒地等生境进行监测，根据其种子特征对所引种作物种子进行检疫检测，防止其随人工引种和自然扩散进行传播。

（2）控制与管理技术

1）物理防治。

在开花前人工拔除，并进行沤肥或烧毁。

2）农业防治。

覆盖除草，用黑色地膜覆盖或在作物行间及果树周围用秸秆、青草、有机肥料、稻草等覆盖，覆盖厚度以不透光为宜。

3）化学防治。

棉田土壤处理用乙草胺、地乐胺、绿麦隆、扑草净等药剂，在播种前或播后苗前进行；茎叶处理用草甘膦定向喷雾。豆田土壤处理可参照棉田，茎叶处理可用苯达松、普施特、豆草特、氟磺胺草醚等药剂。甘薯田土壤处理参考棉田。水稻田可在移栽前3–4天或移栽后3–7天用丁草胺制成药土撒施或配成药液泼浇，移栽后的中后期，可使用二甲四氯、苯达松、扑草净、敌草隆等药剂；其他作物田可酌情参考使用（田家怡等，2004）。

参 考 文 献

常志州, 郑建初. 2008. 水葫芦放养的生态风险及控制对策. 江苏农业科学, (3): 251-253.

车晋滇. 2008. 外来入侵杂草长芒苋. 杂草科学, 26(1): 58-59.

陈红松, 郭建, 万方浩, 等. 2018. 永州广聚萤叶甲和豚草卷蛾的种群动态及对豚草的控制效果. 生物安全学报, 27(4): 260-265.

陈红松, 周忠实, 郭建英, 等. 2009. 豚草(Ambrosia artemisiifolia L.)种群控制研究概况. 植物保护, 35(2): 20-24.

陈菊艳, 刘童童, 田茂娟, 等. 2016. 贵阳市乌当区外来入侵植物调查及对策研究. 贵州林业科技, 44(02): 32-40.

陈雪宇, 周春东. 2003. 河道水葫芦防治对策初探. 浙江水利科技, (6): 56-57.

陈志谊, 王晓艳, 刘永峰, 等. 2007. 生防菌SF-193对空心莲子草的致病力和田间生物防除效果. 江苏农业科学, (2): 61-63.

邓旭, 王娟, 谭济才. 2010. 外来入侵种豚草对不同环境胁迫的生理响应. 植物生理学通讯, 46(10): 1013-1019.

丁晖, 徐海根, 强胜, 等. 2011. 中国生物入侵的现状与趋势. 生态与农村环境学报, 27(03): 35-41.

丁建清, 王韧, 付卫东, 等. 1999. 利用水葫芦象甲和农达综合控制水葫芦. 植物保护, 25(4): 4-7.

丁莹, 洪文秀, 左胜鹏. 2017. 外来植物土荆芥入侵的化学基础探讨. 中国农学通报, 33(31): 127-131.

董兴龙, 朱文达, 颜冬冬, 等. 2020. 精噁唑禾草灵防除油菜田外来入侵杂草野燕麦的效果及其对产量、光照和养分的影响. 湖北农业科学, 59(S1): 131-134, 137.

杜喜翠, 谭万忠, 孙现超. 2011. 外来入侵植物黄顶菊上昆虫种类多样性研究. 西南大学学报(自然科学版), 33(6): 1-5.

段磊, 梁婷婷, 冉俊祥, 等. 2012. 曼陀罗对大豆的化感作用研究. 西北农业学报, 21(02): 83-87.

范建军, 乙杨敏, 朱珣之. 2020. 入侵杂草一年蓬研究进展. 杂草学报, 38(2): 1-8.

方世凯, 冯健敏, 梁正, 等. 2009. 假高粱的发生和防除. 杂草科学, 27(3): 7-8.

付俊鹏, 李传荣, 许景伟, 等. 2012. 沙质海岸防护林入侵植物垂序商陆的防治. 应用生态学报, 23(4): 991-997.

高联义, 黄玉富, 尹祝生. 1997. 稻麦连作区野燕麦发生规律与生态防治. 植保技术与推广, 17(1): 28-29.

高贤明, 唐廷贵, 梁宇, 等. 2004. 外来植物黄顶菊的入侵警报及防控对策. 生物多样性, 12(2):

274-279.

关广清, 韩亚光, 尹睿, 等. 1995. 经济植物替代控制豚草的研究. 沈阳农业大学学报, (3): 277-283.

郭峰, 张朝贤, 黄红娟, 等. 2012. 野燕麦对精噁唑禾草灵、炔草酯敏感性差异测定. 植物保护学报, 39(1): 87-90.

韩德新, 刘宇龙, 芮静, 等. 2016. 不同除草剂对大豆田反枝苋的防除效果研究. 东北农业科学, 41(5): 79-82.

韩建华, 李二虎, 王一帆, 等. 2020. 黄顶菊竞争植物的替代控制效果评价. 中国植保导刊, 40(01): 91-92, 99.

郝晓云, 蔡永智, 董合干, 等. 2018. 刺苍耳在伊犁河谷的分布现状及防治对策. 新疆农业科技, (3): 18.

何国富, 刘伟, 李娟. 2011. 一种控制空心莲子草生长的方法. 专利号: CN201010547002. 4.

何文章. 2000. 毒麦化学防除技术研究. 安徽农业科学, 28(1): 63-64.

黄冠胜. 2014. 中国外来生物入侵与检疫防范. 北京: 中国标准出版社.

贾艳辉. 2009. 黄顶菊生物学特性及防治对策. 现代农村科技, (6): 29.

焦健, 舒锐, 周慧, 等. 2016. 菜园杂草反枝苋的危害与防治. 中国果菜, 36(12): 59-60.

金樑, 王晓娟, 高雷, 等. 2005. 从上海市凤眼莲的生活史特征与繁殖策略探讨其控制对策. 生态环境, 14(4): 498-502.

李宏科, 李萌, 李丹. 1999. 豚草及其防治概况. 世界农业, (8): 40-41.

李惠茹, 严靖, 杜诚, 等. 2022. 中国外来植物入侵风险评估研究. 生态学报, 42 (16): 6451-6463.

李香菊, 王贵启, 张朝贤, 等. 2006. 外来植物黄顶菊的分布、特征特性及化学防除. 杂草科学, 24(4): 58-61.

廖飞勇, 夏青芳, 蔡思琪, 等. 2015. 假高粱的生物学特征及防治对策的研究进展. 草业学报, 24(11): 218-226.

林娟, 杨柳, 王艾迪, 等. 2012. 浐灞湿地外来物种一年蓬的入侵扩散特性及防治对策. 价值工程, 31(01): 315-316.

林玲, 虞赟, 叶剑雄, 等. 2015. 检疫性杂草: 长芒苋传入我国的风险研究. 福建农业科技, 46(11): 58-61.

刘嘉麒, 邓加忠, 王红. 1996. 利用天敌控制水葫芦疯长研究. 云南环境科学, 15(4): 11-14.

刘在松. 2015. 灵山县外来入侵植物调查初报. 广西植保, 28(01): 28-31.

龙茹, 孟宪东, 张风娟, 等. 2008a. 两个河北植物新记录种. 河北科技师范学院学报, 22(04): 35-36.

龙茹, 史风玉, 孟宪东, 等. 2008b. 河北省外来入侵植物的调查分析. 北方园艺, (07): 171-173.

芦站根, 周文杰. 2006. 外来植物黄顶菊潜在危险性评估及防除对策. 杂草科学, 24(4): 4-5, 53.

芦站根, 周文杰, 时丽冉, 等. 2007. 3种外来植物入侵的风险性评估研究及防治对策. 安徽农业科学, 35(12): 3587, 3611.

马世军, 王建军. 2011. 历山自然保护区外来入侵植物研究. 山西大学学报(自然科学版), 34(04): 662-666.

马玉萍, 潘长虹, 孔令军, 等. 2006. 假高粱在连云港市的发生及防除对策. 杂草科学, 24(3): 20-22.

马金双, 李惠茹. 2018. 中国外来入侵植物名录. 北京: 高等教育出版社.

聂亚锋, 陈志谊, 刘永锋, 等. 2008. 假隔链格孢(*Nimbya alternantherae*) SF-193 防除空心莲子草田间高效使用技术研究. 植物保护, 34(3): 109-113.

裴会明. 2015. 入侵植物刺苍耳的形态学特征与防治. 甘肃林业科技, 40(1): 24-25.

齐英. 2020. 河南省外来入侵植物黄顶菊的危害与生态防控对策. 农业与技术, 40(15): 128-130.

曲智. 2021. 辽宁省少花蒺藜草发生概况与防控建议. 中国植保导刊. 41(4): 79-84.

任艳萍, 江莎, 古松. 2008. 外来植物黄顶菊(*Flaveria bidentis*)的研究进展. 热带亚热带植物学报, 16(4): 390-396.

尚春琼, 朱珣之. 2019. 外来植物三叶鬼针草的入侵机制及其防治与利用. 草业科学, 36(1): 47-60.

申洪利, 王海旺, 陆建高, 等. 2012. 外来入侵生物黄顶菊防治技术试验研究. 天津农林科技, (1): 4-6.

时翠平, 牛树起, 王凤茹. 2011 外来入侵植物黄顶菊的危害与防控. 湖北农业科学, 50(10): 2008-2010.

宋珍珍, 谭敦炎, 周桂玲. 2012. 入侵植物刺苍耳在新疆的分布及群落特征. 西北植物学报, 32(7): 1448-1453.

宋振, 张瑞海, 张国良, 等. 2018. 空心莲子草叶甲释放量对空心莲子草防控效果的研究. 生态环境学报, 27(11): 2033-2038.

苏亚拉图, 金凤, 哈斯巴根. 2007. 内蒙古外来入侵植物的初步研究. 内蒙古师范大学学报(自然科学汉文版), (04): 480-483.

孙备, 王果骄, 李建东, 等. 2008. 不同菊芋种植比例对三裂叶豚草地上部分生长量的控制效果. 沈阳农业大学学报, 39(5): 525-529.

孙现超, 付卫东, 张国良, 等. 2011. 中国华北地区黄顶菊杂草上的3种新病害及病原菌鉴定. 西南大学学报(自然科学版), 33(04): 24-30.

孙忠林, 淑琴, 高凯, 等. 2020. 少花蒺藜草入侵现状、适应机制和防控策略. 草地学报, 28(5): 1196-1202.

田家怡, 刘俊展, 刘庆年, 等. 2004. 山东外来入侵有害生物与综合防治技术. 北京: 科学出版社.

田家怡, 吕传笑. 2004. 入侵山东的外来有害生物种类与地理分布. 滨州师专学报, 20(04): 42-46.

万方浩, 关广清, 王韧. 1993. 豚草及豚草综合治理. 北京: 中国科学技术出版社.

万方浩, 侯有明, 蒋明星. 2014. 入侵生物学. 北京: 科学出版社.

万方浩, 刘全儒, 谢明. 2012. 生物入侵: 中国外来入侵植物图鉴. 北京: 科学出版社.

万方浩, 郑小波, 郭建英. 2005. 重要农林外来入侵物种的生物学与控制. 北京: 科学出版社.

万方浩, 郭建英, 李保平. 2009. 中国生物入侵研究. 北京: 科学出版社.

王合松, 宋玉立, 李九英. 2008. 警惕麦田恶性杂草黑麦草蔓延危害. 植物保护, 34(02): 149-151.

王辉, 冯健敏, 梁正, 等. 2020. 南繁基地假高粱发生现状及防控对策. 热带农业科学, 40(S1): 24-27.

王建军, 赵宝玉, 李明涛, 等. 2006. 生态入侵植物豚草及其综合防治. 草业科学, 23(4): 71-75.

王建书, 庞建光, 吕艳春. 1999. 链霉菌对假高粱防治效果的初步探讨. 河南科学, 17(S1): 158-159.

王建书. 2005. 世界恶性杂草假高粱. 北京: 中国农业出版社.

王坤芳, 王文成, 李佳, 等. 2017. 辽西北草甸草原少花蒺藜草的生态防控措施研究. 现代畜牧兽医, (8): 6-10.

王琳, 梅红, 侴注. 2000. 少花龙葵和三叶鬼针草对甲磺隆抗性的初步研究. 云南农业大学学报, 15(2): 115-118.

王青秀, 李俊红, 王金水. 2008. 河南省内黄县黄顶菊的综合防治. 植物检疫, 22(05): 326.

王巍, 韩志松. 2005. 外来入侵生物: 少花蒺藜草在辽宁地区的危害与分布. 草业科学, 2(7): 63-64.

王晓青, 杨得草, 陈继东, 等. 2012. 苍耳柄锈菌三裂叶豚草专化型防治三裂叶豚草效果研究// 郭泽建, 李宝笃. 中国植物病理学会2012年学术年会论文集. 北京: 中国农业科学技术出版社.

魏子上, 李科利, 杨殿林, 等. 2016. 菟丝子寄生对黄顶菊光合作用和荧光特性的影响. 生态环境学报, 25(6): 981-986.

吴储章, 陈前武, 王颖, 等. 2018. 18%草铵膦防治柑桔园杂草田间药效试验. 生物灾害科学, 41(3): 210-212.

吴丹, 望志方, 冯利. 2001. 水葫芦繁殖过度的危害及其防治措施. 环境科学与技术, 24(增刊): 35-37.

吴田乡, 贺建荣, 王红春, 等. 2019. 外来入侵植物空心莲子草对不同除草剂的敏感性. 杂草学报, 37(4): 45-49.

徐海根, 强胜. 2018. 中国外来入侵生物. 北京: 科学出版社.

徐海根, 强胜, 韩正敏, 等. 2004a. 中国外来入侵物种的分布与传入路径分析. 生物多样性, 12(06): 626-638.

徐海根, 王健民, 强胜, 等. 2004b.《生物多样性公约》热点研究: 外来物种入侵·生物安全·遗传资源. 北京: 科学出版社.

宣红燕. 2016. 探究三叶鬼针草生长、繁殖规律及防除效果. 中国林业产业, (7): 1460-1463.

杨新军, 孙怀山, 汪云好. 2003. 寿县重大植物检疫对象防治对策与经验. 安徽农学通报, 9(3): 43-44.

杨秀山, 董淑萍. 2008. 辽宁省外来入侵生物豚草的危害及防治技术. 农业环境与发展, (02): 76-77, 87.

曾宪峰, 邱贺媛. 2012. 福建省2种新记录归化植物. 安徽农业科学, (04): 1941.

张福胜, 姚影. 2018. 通辽地区外来入侵植物少花蒺藜草发生情况与防治措施. 北方农业学报, 46(5): 98-101.

张吉昌, 杨玉梅, 张勇, 等. 2015. 毒麦生长习性观察及防除技术探讨. 陕西农业科学, 61(06): 43-44.

张静, 闫明, 李钧敏. 2012. 不同程度南方菟丝子寄生对入侵植物三叶鬼针草生长的影响. 生态学报, 32(10): 3136-3143.

张秀红, 李跃, 韩会智. 2006. 黄顶菊生物学特性及防治对策. 现代农村科技, (1): 48-49.

赵浩宇, 陈晓娟, 刘俊豆, 等. 2020. 周小刚四川几种主要入侵有害生物防治建议. 四川农业与农机, 2: 51-52.

赵威, 王艳杰, 李琳, 等. 2017. 野燕麦繁殖和抗逆特性及其对小麦的他感效应研究. 中国生态农业学报, 25(11): 1684-1692.

赵文学, 冉永正, 王翠萍, 等. 2004. 济南地区三裂叶豚草发生及控防措施. 植物检疫, 18(6): 370, 374.

郑爱珍, 王启明. 2004. 几种麦田杂草的生物学特性及其防除技术. 农业与技术, 24(2): 88-90.

郑为键. 2005. 水口库区主河道水葫芦专项整治实践. 中国水利, (9): 42-44.

钟林光, 王朝晖. 2010. 外来物种婆婆纳生物学特性及危害的研究. 安徽农业科学, 38(19): 10113-10115.

周兵, 彭峰, 闫小红, 等. 2010. 链格孢菌对空心莲子草致病性的研究. 贵州农业科学, 38(4): 113-116.

周靖华, 张皓, 张吉昌, 等. 2007. 陕西省毒麦的发生危害与治理. 陕西师范大学学报(自然科学版), 35(6): 175-177.

周全来, 王正文, 齐凤林, 等. 2021. 少花蒺藜草生物生态学特征与综合防除策略. 生态学杂志, 40(8): 2593-2600.

周淑华. 1996. 河南省毒麦的发生与综合治理. 植物检疫, 10(4): 249.

周文豪, 吕宝乾, 廖忠海, 等. 2021. 南繁基地假高粱防除措施及可操作技术. 热带农业科学, 41(7): 63-66.

周忠实, 郭建英, 万方浩. 2015. 利用天敌昆虫治理豚草的研究进展. 中国生物防治学报, 31(5): 657-665.

庄新亚, 程亮, 郭青云. 2020. 燕麦镰刀菌GD-2可湿性粉剂研制及对野燕麦的防除效果. 青海大学学报, 38(3): 9-17.

庄义庆, 王源超, 潘以楼, 等. 2009. 蕉斑镰刀菌32-6菌株侵染空心莲子草的组织病理观察. 江苏农业学报, 25(6): 1287-1291.

Abd El-Gawad A M, Mashaly I A, Abu Ziada M E, et al. 2015. Phytotoxicity of three *Plantago* species on germination and seedling growth of hairy beggarticks (*Bidens pilosa* L.). Egyptian

Journal of Basic and Applied Science, 2: 303-309.

Chen S H, Wu M J. 2004. *Chamaesyce hypericifolia* (L.) Millsp., a newly naturalized spurge species in Taiwan. Taiwania, 49(2): 102-108.

Gelbert R L, Auld B A, Hennecke B R. 2005. Leaf and stem spot of *Alternanthera philoxeroides* (alligator weed) in Australia caused by *Nimbya* sp. Plant Pathol, 54: 585.

Grichar W J. 1994. Spiny amaranth (*Amaranthus spinosus* L.) control in peanut (*Arachis hypogaea* L.). Weed technology, 8(2): 199-202.

Lv G Z, Yang H, Sun X D, et al. 2004. *Puccinia xanthii* f. sp. *ambrosiae-trifidae*, S. W. T. Batra, a newly recorded rust taxon on *Ambrosia* in China. Mycosystema, 23(2): 310-311.

McClay A S. 1987. Observation on the biology and host specificity of *Epiblema strenuana* (Lepidoptera, Tortricidae), a potential biocontrol agent for *Parthenium hysterophorus* (Compositae). Entomophaga, 32(1): 23-34.

Pomella A W V, Barreto R W, Charudattan R. 2007. *Nimbya alternantherae*, a potential biocontrol agent for alligatorweed, *Alternanthera philoxeroides*. BioControl, 52: 271-288.

Putnam A R, Defraak J. 1983. Use of phytotoxic plant residues for selective weed control. Crop Protection, 2: 173-180.

Tan W Z, Li Q J, Qing L. 2002. Biological control of alligatorweed (*Alternanthera philoxeroides*) with a *Fusarium* sp. BioControl, 47: 463-479.